海绵城市译丛

可持续雨洪管理

——景观驱动的规划设计方法

SUSTAINABLE STORMWATER MANAGEMENT

A Landscape-Driven Approach to Planning and Design

[美] 托马斯·立普坦　戴维·桑滕　著
罗融融　罗丹　译

中国建筑工业出版社

著作权合同登记图字：01-2020-7663号

图书在版编目（CIP）数据

可持续雨洪管理：景观驱动的规划设计方法 /（美）托马斯•立普坦，（美）戴维•桑滕著；罗融融，罗丹译 .—北京：中国建筑工业出版社，2020.10
（海绵城市译丛）
书名原文：Sustainable Stormwater Management: A Landscape-Driven Approach to Planning and Design
ISBN 978-7-112-25325-8

Ⅰ.①可… Ⅱ.①托…②戴…③罗…④罗… Ⅲ.①城市景观—景观设计—研究 Ⅳ.①TU-856

中国版本图书馆CIP数据核字（2020）第135458号

Published by agreement with Timber Press through the Chinese Connection Agency, a division of The Yao Enterprises, LLC.

本书由TIMBER PRESS授权我社翻译、出版、发行本书中文版

本书由国家自然科学基金青年项目（51708052）、中国博士后科学基金（2017M622964）共同资助

责任编辑：张鹏伟　戚琳琳
责任校对：李美娜

海绵城市译丛
可持续雨洪管理——景观驱动的规划设计方法
[美] 托马斯·立普坦　戴维·桑滕　著
罗融融　罗丹　译
*
中国建筑工业出版社出版、发行（北京海淀三里河路9号）
各地新华书店、建筑书店经销
北京建筑工业印刷厂制版
北京中科印刷有限公司印刷
*
开本：787 毫米 ×1092 毫米　1/16　印张：16½　字数：341 千字
2021 年 1 月第一版　　2021 年 1 月第一次印刷
定价：**66.00** 元
ISBN 978-7-112-25325-8
（33192）

献给我的挚友、妻子以及生命的源泉——雪莉·立普坦（Sherry Liptan）。

——托马斯·立普坦

献给我的家人，他们的信念和支持成就了我。

——戴维·桑滕

目　录

第二部分 景观雨洪管理 86

遍布的小区和购物中心，
这种场景在美国随处可见

导言 “将水引入绿地”

40 年前，一位工程师对我的简明指引，改变了我的人生。那是 1978 年，我在为佛罗里达州奥兰多市的一个市政停车场进行景观设计，当时该州为了落实 1972 年的《清洁水法案》而颁布了新的雨水管理条例。这些管理条例来得正是时候，在这个游客天堂，多达 80 个湖泊都面临消亡或已经消亡，湖里充斥着重金属和化学物质等污染物，以及随雨水径流冲刷而聚集的腐烂树叶和化肥等过量富营养物质，令人窒息。

遗憾的是，经过近 40 年的不懈努力，奥兰多的许多湖泊状况仍然未能恢复到应有的健康状态。要彻底革除政策和实践中的弊病实属不易。

这需要身处公园和工程管理部门的我们去寻找解决方案，至少要在 13 号停车场这个特殊项目中把问题解决。对这位工程师和我而言，这是一个削减成本、让景观管理雨洪的好机会。同时对我来说，也是一个触发城市设计革命的启示。

工程师在这个 1.2hm^2 的停车场中设计了一个可以将径流引向西北面的缓坡，继而雨水通过停车场路缘上的开孔流入我们公园团队（我和我的老板鲍勃·罗普）为渗透而设计的景观植草沟。我们尽可能地保留场地中的树木，包括两棵冠幅达 18m 的美丽橡树，同时为了最大限度地遮阳又种植了几十株。到 1979 年完工时，正如我们所设想的那样，雨水直接流到了可以吸收、过滤径流的浅层雨水花园中。

1980 年我移居到俄勒冈州波特兰市，跃跃欲试地准备向全世界分享我的“奥兰多启示”，但我发现工作很难找，绿色方法的变革迟迟未见动静。当我最终得到了一个景观设计师的职位时，我的老板却告诉我雨洪属于工程师的工作范畴。此时波特兰采用的雨水管理办法与大多数城市无异:用管道将径流尽可能快地排入最近的活动水体或地面排水井，对其中夹带的杂质不作任何处理。接下来的6年里，我静静地看着河水奔流，等待时机成熟。

1987年，我离开景观设计行业，成为一名城市环境服务局（BES）的客户服务代表。该职位与我理想的景观设计师职业相去甚远，但我仍然尽我所能地在周末抓住志愿服务的机会去当地小溪和河流清理垃圾碎屑。

之后我终于遇到了另一个停车场项目，这印证了司马迁（公元前145—前91年）在《史记》中写到的那句话："时者难得而易失也。"

当时将俄勒冈科学与工业博物馆（OMSI）从波特兰西边搬迁到东边的计划正在进行中，作为BES的客户服务代表，我的职责是复核报批的场地设计文件。在OMSI的规划中，我发现了又一个证明如何通过将雨水径流导入绿地而不是管道来管理雨水的机会。我将自己的想法向局领导汇报后获得了支持，我们一起工作的项目业主方和设计团队也同意了。

1992年，OMSI在新址开放，成为美国国内雨洪管理和场地设计一体化的典范，共计为博物馆节约了数万美元。在这个项目中，景观雨洪管理措施将雨水引入了绿地。

在此过程中，我一直以来对"非功利事务"的兴趣促使我去解决雨洪和合流制管道溢流的问题，加之在波特兰"约翰逊溪流水域"项目的工作经历，使得我在环境服务局的职务有了调整并因此迎来一系列新的挑战。在我们的工作开展之前，几乎所有人都认为这些绿色解决方案的成本会高得令人望而却步。

虽然应用这种基础设施的绿色方法仍然未被广泛采用，但我开始倡导进行试验生态湿地、雨水花园、生态屋顶以及其他灰色管道和隧道替代方法的试点工程。陆陆续续地，低影响开发和可持续雨洪管理的应用实例开始在美国和欧洲城市的各处涌现。到了20世纪90年代末期，我们开始探索植物屋顶（我用自己家的车库进行了试验）等其他留存雨水的方式。逐渐地，我们的关注点演变为对城市景观与环境的新思考。

我希望熟悉绿色基础设施的人能够原谅我以波特兰的案例为主，虽然本身内容上也涵盖了很多世界各地的优秀项目，然而波特兰是我生活和工作过的地方，那些我奋战过的项目已经落地并发挥雨水管理作用超过20年了，充分证明了这些看似脆弱的生命系统经受住了时间的考验。对于那些倾向于忽视这一点并认为“波特兰本就是这样”的人，请你们记住：我第一个成功的绿色基础设施项目早在 1978 年便在奥兰多成形了。

我们正在进入一个城市化的时代，建筑和街道环境正在成为解决气候变化、健康和社会福利危机、环境退化、人口增长、清洁的水、土地和空气资源短缺等复杂而紧迫挑战的有力武器。

从看似一夜之间绽放在中国大地上的大都市，到正在重塑自我的古老欧洲城市，设计师和工程师一直在寻求通过经济低碳方式进行雨洪管理的效益，试图从融合环境、经济、社会效益的自然进程中获取灵感。当我们开始用心观察，我们会看到机会无处不在。

我写作本书旨在帮助建筑师、设计师、工程师、景观设计师和规划师将景观视作能推动创新、完善基础设施和提升审美的新方法。在此，我希望你能找到挑战你过去所学知识的信息和想法，并以开放的心态和全新的视角来思考这些问题。我的观念不一定全都正确，但新的事物从来都是在探索中完善。从屋顶、墙面到花园和街道，让我们重新思考从规划设计到施工维护的每一件事，从世界各地的实践中寻找灵感，看看我们能走多远，我们能做到多“绿色”。

“即使创新令人望而生畏，但相比继续犯错并任由其发展，创新其实不难。”池田大作在《为了今朝与明日》中如是说道。

导师的智慧

也是我对此的回应

托马斯・立普坦

第一部分

景观雨洪

设计

这片湿地草场展现了优美的自然风光，除去雪山与常绿树，这个景象适合于任何地区

引言　景观视角下的雨水管理

大自然有其自身精妙的雨水管理系统，精巧地控制着雨水传输的各个阶段：从沉淀、蒸发、被植物吸收、经过湿地、流向河流和湖泊，到渗透补充地下水。这套雨水系统是在地的、自然的，不需要任何额外的基础设施。然而，一旦这种自然状态被人类发展破坏，由此引发的雨洪便成为需要干预和持续管理的问题。

在城市中，取代自然空间的不透水表层会产生雨水径流。这些表层包括建筑屋顶和墙面；小径、人行道、广场、停车场和街道，以及绿地，这些绿地可能是残存的自然系统，也可能是设计和建造的公园和绿地。城市化的进程不断复制着这些表层，伴随着反复出现的公寓、居住区、办公大楼、工厂、商业中心、停车场、高速路，以及其他各种要素。

任何地方，都有 30%-95% 的降雨会流过城市，它们被称为雨洪或城市径流。雨水不断汇集，顺着人工的和不透水的表层直接灌进被设计成尽可能快速排走雨水的沟渠和管道中。一些市政排水系统并未雨污分流，并且在超过 700 个美国城市中，这样严重污染的合流污水被直接排进河流、湖泊和海洋。

所有人将这样的径流看作是被城市环境淘汰的废物。一个世纪之前，当城区在努力根除疾病和动物粪便、垃圾、污水以及死水所造成的污染时，这样的观点看上去非常合理。并且事实上，得益于这些措施，疾病的发生率显著下降。

纵观整个美国，针对雨水管理的基础设施在过去几十年都太过失败。这些为更少且更稀疏的人群所建的系统，并没有起到管理径流的作用，反而导致洪水泛滥和合流制管道污染物的溢出。除此之外，原本的系统还被设计成将被污染的径流和污水直接排向自然溪流、河道、湖泊和地下水。

这块原先的棕地将许多景观雨洪管理（LSM）方法融进了公共和私人空间，包括植被覆盖的屋顶、树木、多孔路面、雨水花园和河岸恢复带

美国“全民环保”组织2011年的一份报告显示，美国所有城市每年未处理的污水排溢达到3.25万亿L——足以用深度为2.5cm的污水将整个宾夕法尼亚州淹没。2012年之前，俄勒冈州的波特兰长期以来每年排放多达378.5亿L的合流污水，这个总量的暴雨污水混合物能将“玫瑰之城”（波特兰）淹没深达10.4cm。

即使传统的雨水系统的确是按照设计来发挥作用的，它们依旧在无意中助推了城市的自我污染。暴雨带走热能和散播在城市居住区的污染物。这种携带重金属、杀虫剂、化学溶剂、原油、药物、亚磷、氮、垃圾和沉淀物的径流过滤到下水道中，对人类的健康造成威胁，导致环境和生态系统的退化，但却伪装成一副干净整洁的城市景观假象。

本书展示了一种实用而又具有革命性的方法，来管理城市环境中的雨水和暴雨。不同于将水当作废品，我们将其视作一种宝贵而有限的资源。我们不是要想办法尽快地把水排走，而是要解决如何才能从这种资源中为人类和其他物种获取最大效用的问题。

想要开始设计和改造城市建成区来接纳和利用雨水，我们只需关注自然，那里的景观（包括土壤和植被）会管理雨水。我们可以参考大自然管理雨水的经验，并将这一新的城市设计范式称为景观雨洪管理（LSM）。

景观雨洪管理可以促进城市设计变得更加地完整与生动，使社区更加宜居与可持续。这种将植被与水编织成为城市肌理的做法，催生了一大堆术语和缩写，例如：水敏性城市设计、低影响开发（LID）、可持续雨洪设计/管理、绿色基础设施、可持续城市排水以及其他因地区、国家和环境而异的概念。

其中，绿色基础设施可能是最适用于本书中描述的LSM方法的一个术语，尽管它也包括公园和开放空间。同样，长期以来的规划实践也提供了满足LSM让水出现和进入绿地这一原则的更大的框架。

LSM的每个步骤都可以通过以下五个简单的设计策略之一来表示：

1. 在不透水表面覆盖植被来截留雨水，滞缓并减少径流。

2. 创造植物空间以存蓄雨水，减少或消除径流。

3. 排水路径的表层种植，包括“河流亮化”[在城市设计和城市规划中，亮化（daylighting）是指将被分流到涵洞、管道或排水系统的河道重新定向到地上。通常目标是使水流恢复到更自然的状态，改善河流的河岸环境]。

4. 提高整体的渗透性，增加不透水表面的孔隙度。

5. 种植树木以截留雨水。

就是这些。

自20世纪90年代末以来，这些LSM方法在世界范围内的一些城市已经从罕见发展成为一种流行，并且研究证实了许多猜测：它能够让城市变得更绿色。与传统的（灰色）雨洪系统相比，即使抛开雨水径流的管理方法，LSM（绿色）方法在建造成本上也更低，而且能够改造大量的可用空间。这些追求自然的系统提供了大量地下管道所没有的额外效益。它们节约水和能源，缓解了城市热岛效应和下水道的热增益，补充地下水，创造栖息地并支持生物多样性，缓冲噪声，提供了更健康、更具适应性、更有吸引力和弹性的基础设施。

伴随着大约 7000 个绿色雨洪设施的落地，没有哪个美国城市比俄勒冈州的波特兰更重视景观雨洪管理的实践。坐落在太平洋西北部，波特兰被各种形态的水环绕：低垂的云从晚秋一直持续到初夏，积雪覆盖了喀斯喀特山脉，从温泉中喷出的蒸汽在小溪间匆匆流过，河流涌入海峡、海湾且最终流向海洋，当然，还包括雨水。

在这里，水和自然不可避免地与森林和鲑鱼联系在了一起，它们各自都有可追溯上千年的深厚的文化和经济根源。这可能是该地区率先认识到自然的营建是健康城市环境的基础的潜在原因，具体体现在将水与土地和植被相结合的设计技术当中。

波特兰的“从塔博尔山到河畔”项目一直是该市最具标志性的绿色基础设施，也最有希望展现出 LSM 在未来对功能寿命即将结束的合流管道和集雨装置进行改造升级的潜力。据 2000 年的初步估计，对塔博尔街区基础设施进行必要的维修和更换需花费 1.44 亿美元，其中牵涉要开挖数英里的城市街道以便接入管道。

由于资金问题，波特兰推迟了这个项目。在随后的几年中，这座城市继续减少沥青路面，并设置了雨水花园、树木、生态屋顶和多孔人行道作为示范项目。这些处于试验阶段的项目产生了极好的雨水管理效果，为运用低成本方式去管理更大面积的场地提供了新思路。

任何建筑环境都有在几乎每一块裸露的表面上管理雨雪的潜力。雨水花园、树木、植草沟、地表传输、雨水种植池、植物屋顶和墙面，以及多孔路面都可以在景观中提供有效且低影响的雨洪管理方式。景观雨洪管理有效拦截了雨水，增加了渗透，减缓并过滤径流，促进了蒸发，收集雨水重新用于灌溉，且减少了洪水和紧急溢流。

从地下管道到开放的表层雨洪系统，这样的转变如果想被更广泛地采用的话，需要设计师们继续加强 LSM 专业知识的储备。这样才能让业主和开发商更愿意参与进来，因为对他们来说，创造新事物的愿望和自豪感以及对环境的责任感也必须建立在合理的风险和投资之上。说服开发商的方式是去证明这些绿色途径是高效的、满足建设规范的，且在短期和长期时间段内都能实现相对更低的投入。

通过阐述机遇、可能性和列举案例，本书旨在帮助建筑师、设计师、工程师、景观设计师和规划师们从一个全新的角度来思考雨洪，在这个角度上，场地本身就是一个雨洪管理的基础设施。不同于将美学强加于设计师身上，综合的雨洪设计创造了新的机会来阐述建筑与自然环境之间的关系。景观开始作为一个生命系统发挥作用，而不是（通常情况下是这样）附着在其他设计之上的灌木表层，将本该承担的基础设施的角色留给工程管道和连接排水沟的池塘。

恢复城市建成环境和我们为自己利益而吞噬的自然环境之间的平衡，机会有很多。这需要我们愿意在实践中把自己看作是更大系统中的一部分。在过去 20 多年中，这样的举动已由屋顶花园、种植池扩展到了绿色街道和生态小区中。柏林、芝加哥、伦敦、马尔默（瑞典）、纽约、费城、旧金山、西雅图、斯图加特、多伦多以及世界各地其他许多的城市都采用了 LSM 方法，以便更好地利用这些有限的资源，如洁净的水和空气来创造健康城市。

这个位于德国汉诺威的住宅开发项目提供了一个兼具良好功能与美学性的雨水设计范例。注意图中用来减缓径流的可调节水堰

第1章

指导原则

景观雨洪管理（LSM）是基于城市环境中大部分雨水都可以用景观的方式进行管理这一前提，因此遍地都是运用景观雨洪管理的机会。

这一方式需要观念的转变。设计师必须预估整个项目的雨水收集潜力：包括屋顶、墙面、地面、人行道、停车场和周边街道等区域。成功的LSM设计并不意味着要遵循一系列传统的最佳管理实践（BMPs）——那些使用混凝土、塑料和管道材料的，硬质的、灰色的、机械的径流控制方式。相反，“柔软的绿色材料”才是这种方式的特点。当然，这种被称之为景观雨洪管理的绿色方法与被视作最佳管理实践的传统灰色方法在技术上会有重叠的部分。

在这种设计和管理雨洪的新方法诞生之初，用心良苦的设计师和创新者已经开始构想一种方法将几乎所有裸露的地表都整合到雨水基础设施中。一些人重新发现了自然系统的美丽和简约，然而另一些人则开发出了资源密集型的产品（如水泵），这与景观雨洪管理想要取代的传统方式相比是一种倒退。举三个例子：比如用在地下拦截或过滤径流的混凝土箱，用于生态屋面的特殊箱子以及树木种植箱。这些产品并非不好，但是你确定它在特定项目里能发挥作用吗？如同销售员试图向你推销东西时，你如何判断它是否为必需品？

在一些指导原则的帮助下，精明的设计师可以学会排除掉铺天盖地的宣传和既有经验的影响，为每个场地找到最实用和最经济的方式。有了这些工具，设计师们就可以创造出收集、拦截、处理并输送水的项目，在实现降低成本、增加环境效益、减少不必要的灰色（传统的）雨洪设施、

1962 年为马里兰州一户人家建造的砖砌雨水种植池

延长使用寿命等目标的同时具备高颜值。有效管理景观雨洪的五项指导原则如下：

1. 将水引入绿地；
2. 让水在绿地中流动；
3. 确保设计美观且实用；
4. 考虑维护的设计；
5. 慎重地选择设计团队。

将水引入绿地

第一点也是最重要的一点，将水引入绿地。如果读者没能从本书中获得其他知识，也至少要记住这一个原则。我们一直以来低估了建成环境管理降雨和径流的能力，就像我们未曾充分利用降雨对土壤和植物的效益一样。通过对降雨和集雨型绿地内在价值的认知，设计师们将不断改进场地和建筑设计。

有人认为要理解水资源管理对场地和建筑设计的影响，需要改变我们原有的思维方式。对有些人来说确实如此。然而，许多类似的方法在数十年前建成的项目中就已经被运用了，并且至今仍在运行。早在“低影响开发”和“绿色基础设施”等术语流行起来之前，雨水就已被轻易而成功地纳入了景观设计之中。

例如俄勒冈州克拉马斯福尔斯市的一座大学校园里，一排排硬化停车位之间分布着砾石覆盖的条状绿地。这些简易、低造价、没有植被覆盖的洼地建于 1985 年之前，来自人行道的径流在此下渗。今天我们可能会考虑将本土植物引入这些裸露的绿地中，利用周围高原沙漠中的植物来增加校园的生物多样性。

另一个早期的例子是 20 世纪 60 年代在一些房屋旁建造的砖砌雨水种植池。屋顶的水槽将雨水引导至几英尺深的种植池中。这些种植池至今仍在收集和下渗雨水。

在项目起步阶段就开始寻找将雨水引入绿地的方法的设计师，很快会发现其中隐藏着前所未有待挖掘的东西。并且在挖掘的过程中，就能够掌握到一些方法。事实上，波特兰的一个标志性项目就是这样出现的。虽然我并不是刻意为之，但一个机会就摆在我面前，与我 12 年前设计的奥兰多雨水停车场非常相似的一个大型停车场。

1990 年，俄勒冈州科学与工业博物馆（OMSI）进行了一次大刀阔斧的搬迁，从华盛顿公园西山具有历史性的原址搬到了威拉米特河东岸与市中心相对的一座工业园区中。当时，波特兰市环境服务局已经在联邦政府的敦促下开始研究改善水质和减少城市污水严重外溢等问题的新方法。这一滨河开发项目为他们提供了这样一个机会，去推动规范的出台和一种绿色基础设施的实施：最早被称为线型湿地的生态植草沟。

于是，波特兰市环境服务局找到了 OMSI，主动要求为其重新设计停车场和绿地以收集雨水径流。尽管这一举动有些出人意料，但他们的提议却足够简明清晰：与其建造一个被抬高的绿地导致雨水只能通过管道进行收集管理的传统停车场，不如通过改变场地和绿地的高差来将地表径流导入绿地中，就像奥兰多和克拉马斯福尔斯市的项目一样。

作为一个以“提高公众对科学技术的认知”为使命的非营利组织，OMSI 很欣赏波特兰市环

这是 OMSI 的生态湿地。在建成 20 多年之后的 2014 年，这些简单的景观仍然发挥着令人满意的雨水下渗作用。只不过需要设置更多路牙切角和截水沟，从而更好地将径流导入绿地中

境服务局的价值观。他们同意了这个提议，条件是施工进度和项目预算都不能因此受到改变。博物馆的顾问通过计算后证实，即使包含重新设计的费用在内，这种环境友好的方式仍能通过消除检修口、管道、场地开挖和雨水井等设施来控制建设成本。根据 OMSI 的测算，他们最终节省了 7.8 万美元的建设成本。

永远不要低估一个积极主动并愿意通过试验来改进设计的甲方的能力。重新设计后的绿地使用下凹的分隔带或植草沟来过滤污染物。OMSI 的管理层促使工程师和景观设计师们创建了“微型线性湿地”，将湿地和原生植被结合起来以延长径流通过的时间。这样不仅使设计更有吸引力，也给了 OMSI 一个将环境教育延伸到停车场的机会。在那里，沿分隔带安装的解释性标识详细说明了生态植草沟和湿地在减少污染、改善水质和增加生物多样性方面的益处。

由于博物馆新址的土地渗透性较差，因此设计师最开始假定这些微型湿地积水到一定程度后会向外溢出。然而，土壤的渗透性在几个月后开始好转——从那以后便一直如此。植被可能有助于在施工过程中被开挖和压实的土壤恢复其自然的生物和物理特性（没有经过试验论证，这个理论依然只是有一定根据的猜测）。因此，博物馆停车场 90% 以上的绿地最终都能发挥雨水管理的作用。

OMSI 项目的成功带动了波特兰其他项目也尝试采用雨洪管理方法，但从一开始就需要做出改变。在俄勒冈州科学与工业博物馆项目完成两年后，又有一个停车场想要采用这种方法，即用生态植草沟来进行雨洪管理。由于 1994 年没有城市法规要求这样做，也没有人确切地知道如何使这个设计获批——毕竟 OMSI 是一个特例。最终在波特兰市环境服务局工作人员的帮助下，设计方案才通过了相关部门的许可和审批。

这一方法在不减少停车位的情况下节省了建造成本。它创造了环境友好的、美观的场地设施，也减少了城市雨洪管理的费用。虽然这样的多重效益是毋庸置疑的，但是有些设计仍然坚持用实践来检验可行性，直到其成为公认的“波特兰标准”。如今，这种绿色方法也有助于城市达到联邦政府规定的雨洪外溢和污染物排放标准。

在评估场地的雨洪管理潜力时，对其进行全面彻底的评估是非常有必要的。在这上面花费的时间和金钱可以帮你在未来规避十倍的风险和避免延误。场地评估中应该纳入现有的物理环境，包括土壤、地形和地质条件。对于改造和更新项目来说，这也是重新评估未被充分利用或设计欠佳的场地特性的时候（在此我们特别关注停车场）。设计师和开发商还必须考虑到气候、日照和季节性变化。而在以水为中心的设计中，识别出污染物在何时何地产生（或掩藏）显得尤为重要。我们将会在本书的后半部分中更为详细地讨论场地评估。

在空间允许的情况下，将水引入绿地中并使其流动是理想的情况，但建成环境是由街道和建筑物组成的，而非田野和溪流。那么在这个满是硬质的不透水表面的城市中，又该如何管理雨洪呢？

答案是创造出新的绿地。每一个不透水表面

这是一条仍在建设中的水渠，用来将公路上的水引流至附近的小溪

的背后都隐藏着机会。屋顶、墙面和人行道可以被改造成生态屋顶、垂直绿化墙体、种植池以及树冠覆盖区域，以此形成生态的、绿色的雨洪管理系统。通过增加一个场地的植被覆盖率，可以提升它应对更大降雨量、减少污染物、恢复城市野生动物栖息地等能力。因此，要密切关注场地的地表，包括屋顶和人行道，以便更好地评估出所有可纳入雨水设计的可用空间。这将是在场地上进行雨洪管理的主要手段。

让水在绿地中流动

利用绿地有效管理雨洪的第二个原则是通过表面传输让雨水在地表流动。通过设计出能传输雨水的地表，使水穿过种植和铺装区域，而不是隐藏在地下管网里进行输送。

管道应当是其他方法都被用尽时最后的选择。避免使用管道的原因在于它们可能会堵塞并导致溢流，迫使雨水涌出地面，这种情况下的雨洪只会成为意外的负担而非可利用的资源。很多输送雨水的管道如今已无法承载那些来自管道安装后新铺设的不透水表面的径流。但在合流制下水道系统中，暴雨期间从检修口中溢出的雨水可以被忽略不计，因此很多人不会关注这些状况。对于那些倾向于用地下埋设的管道来解决雨水问题的人来说，设想一下场地位于基岩之上，挖沟的成本高得让人望而却步。此时，你会惊叹于脑海中开始浮现的绿色解决方案。

苏黎世超过 19km 的“溪流亮化”工程的其中一段

水在地面的输送通过重力来引导。这意味着坡度、高程和施工细节对于场地成功实现雨洪管理的功能非常重要。要密切注意场地上存在的和潜在的可能干扰径流的障碍，比如停车场地面的条纹铺装（改变水流方向）或突然升高的排水口（导致沉淀物的累积和入口堵塞）等细微之处。密切关注这些设计上的细节和正确合理的施工对于灰绿两种雨洪基础设施都是至关重要的。

该原则的另一要点是使水广泛地分布于绿地中，而不是集中在某个区域。将水分流到植被种植区可以最大限度地使其渗透和储存在土壤特别是较重的黏土里，并且有助于降解污染物。

让水在地面上流动意味着地下管网中暗藏的水也应该重返地表，这就是被称为“河流亮化”的行动。绿色基础设施的建设，使我们能够重新发掘被埋在地下的溪流并将其作为休闲场所和沟渠。

瑞士苏黎世一直在努力用老旧管道重返地表的方式来解决包括合流制污水系统溢流在内的重大雨洪问题。自 1990 年以来，苏黎世已经用新的溪流取代了超过 19km 的管道，与开挖街道后用管径更大的新管道替换现有管道的做法相比，无疑是个划算的选择。通过将暴雨分流到这个植被繁茂的明渠系统中，这座城市能够为现存的下水道基础设施和城市景观赋予新的生命。

确保设计美观且实用

实用的设计并不一定需要花费更多的成本，

同样也并非一定丑陋。绿色基础设施可以并且应当是美观的，但它真正的美在于功能性和有效管理雨水的能力。这和参与项目的每个人都息息相关。大多数开发商都想要一个美观的项目，但是审美可能最终还是要靠专业的设计人员去把控。

景观设计师擅长规划户外空间，这使得他们非常适合主导景观雨洪管理的设计。同时，建筑师对于将绿色基础设施融入建筑和场地设计中有丰富的想法，而土木工程师则具备了解决风暴和洪水问题所需的专业知识。

设计领域的专业人士都明白，项目之美其实最终取决于业主怎么看。管理雨洪的功能型绿地必然会随着季节和时间而变化，而适应这种自然变化的方法就是放下长期以来对景观的功能和颜值的固有观念。在这里要记住的最重要的一点是：一个实用的设计就是一个美观的设计。设计得最好的项目通常都体现了以上三条原则的运用以及开发商的良好协作。

考虑维护的设计

随着时间的推移，绿色雨洪基础设施的绩效表现通常都会超过灰色基础设施，成本更低，并且附带的好处也更多。和传统设计的场地一样，拥有绿色基础设施的场地也需要一个持续的运行和维护（O&M）计划，以协调场地内的各项设施。

佛蒙特州蒙彼利埃一个停车场的线性雨水花园

一个线性雨水花园汇集了来自人行道的径流

设计师可以在一开始就采取一些关键措施来减少运行和维护的负担。首先，学习通过设计使雨水和径流在场地内自然扩散，实现无机械灌溉绿化。这是一个巨大的挑战，但是这样做会降低安装那些需要不断维护的灌溉系统的成本以及被浪费掉的饮用水（和水费）。当然在有些地区，植物可能需要专门的灌溉才能生长。

接下来，要考虑利用本土植物和材料来创建一个自给自足的景观。并不是所有的绿色雨洪管理方法都需要亲水植物。事实上，大多数植物空间最适合作为雨水渗透和溢流系统，而不是装水的容器。即使遇到更大的风暴，植物也只是暂时被淹没。使用能够在最小干预下存活的植物，可以提升基础设施系统的运行状况和性能，并减少持续的维护需求。

最后，要让业主对从季相变化到持续进行的运维需求有合理的预期，这样才能从整体上理解这一实用景观的特性。

慎重地选择设计团队

最后一个注意事项是：业主请当心！这个领域仍然是崭新且处于动态变化的。虽然人们对景观雨洪管理的接受度会随着每一个项目的成功而增长，但根深蒂固的灰色思维惯性仍是阻碍（但也是机会）。

例如，法规允许的范围因地区而异。任何新方案的实施都应向业主提供一份法规审查报告，以确定该市批准了哪些可实施的条例。此外，法规会随着时间的推移而调整，所以一年前不允许的事情也可能在之后的项目中得到许可。

同样，不同专业人员间的技术专长会有很大差异。一份包含了“绿色项目”的简历并不代表那个人就真正理解了景观雨洪管理的细微差别。

以一个冒牌景观雨洪管理专业人士的事迹为例：在加利福尼亚州的一个项目中，一位设计师

雨水通过混凝土沟槽汇集到排水口，之后被泵向上抽起排入绿地灌溉区域。这条人行道本应该设计成能够直接将水流引到绿地中去

遇到了一个空间层次丰富的场地。这个人没有利用场地特征分级处理，让水在重力作用下流入绿地，而是选择在倾斜的人行道最低处捕获径流，然后用泵将水向上抽进绿地。诚然，这个设计师在绿地中收集到了雨水，但他不知道如何通过坡度和高程的设计来发挥大自然的馈赠——重力的作用。这种雨水收集与利用的脱节导致了不必要的、昂贵的项目建设成本，并增加了额外的维护要求。

通过自然途径打造的作品会在一定程度上带来具有细微差异的舒适感。最好的确认方法就是仔细查看你的意向团队之前的成果，而不仅仅是看其资质证书。为此，要尽量避免猜测。许多关于最佳实践的假设都缺乏科学支持或是应用研究证明。比如说有实证资料吗？或者甚至是相关的研究？有时候我们所拥有的仅仅是推测，这时，我们应该清楚地认识到这一点，然后和同事们一起去论证。

另外，记住这一点也很重要：不是所有设计方案都像商店里出售的成品一样。一个好的设计师靠的是对设计原则的灵活把握而非某一个作品。一旦有了一个受肯定的现成作品，很多人会倾向于不断复制而非创造。应该先关注下本土材料和自然的系统，它们往往性能更好，并且成本更低。

总结

这五项原则可以指导设计师在景观雨洪管理中取得成功。为了实现从地下管网到地面开放系统的转变，我们需要更多的设计师来拓展这方面的专业技术。因为在几乎每一座新兴城市的发展过程中，从高耸的摩天大楼到不断扩张的购物中心，都充满了整合绿色雨洪管理的实践机会。

同样重要的（也是可持续的）一点是，大多数现有的开发项目也可以用这些植物技术进行改造。目前的趋势是，一旦专业人士接触了景观雨洪管理，他们就会开始寻找更多的方法将水引入绿地中并创造新的景观空间。更重要的是，他们这样做并不会违背开发商的初衷，并且与传统的雨洪设计相比能以更低的成本实现更大的价值和美感。

在下一章中，我们将更深入地探讨水——这种我们赖以生存的资源的特征，同时也会对基础设施系统中能源的消耗、自然和城市环境如何共存，以及绿化对人类福祉的潜在影响等方面展开思考。

乍一看这是一个精心设计的小区。但仔细观察：这里有足够多的树吗？屋顶有植物覆盖吗？人行道有孔隙渗水吗？

第 2 章

雨洪和城市环境

理论上讲，雨洪本身并不复杂。但实际情况是，几乎无穷无尽的变化使其在管理上充满挑战。

就像天气一样，我们需要做大量的工作来预测可能发生的雨洪情况，但最多只能预测，而不能得出准确结论。这一挑战难度增加的原因在于与雨水相关的变化因素太多了：包括人口数量增长和密度增加、天气模式的变化、基础设施的老化和短缺、水资源短缺、污染、政治、法规，以及设计、建造和维护的质量等。

本章将介绍雨水和暴雨在城市环境中运行的基本特征，以及城市化对自然空间的影响。对雨洪背后的科学原理及其对城市环境的影响做基本了解，这将有助于景观雨洪管理方法的规划、设计和实施。

水和水文循环

地球上的淡水循环是涉及所有水域、气候和地质条件之间相互作用的复杂系统。分水岭是水文循环物理表现最显著的地表区域。水经过流动、蒸发、蒸腾和降水等一系列的阶段和储存形式，从云层和水蒸气到地表水，经过土壤、植被、湿地、红树林、丛林渗透到地下和含水层中，形成地下水、冰川和积雪，历经几个世纪最后回到海洋。

美国地质调查局 2014 年的数据显示，淡水仅占地球水资源总量的 2.5%，其中超过三分之二（68.7%）的水储存在冰川和冰盖中，其余部分主要以地下水（30.1%）的形式存在，剩下的 1.2% 则分散在地表冰层、永久冻土、湖泊、河流、沼泽、大气、土壤水分和生物体中。地球表面是被水包裹的，但可以直接饮用的水很少。

在这个动态的系统中，云层和降水从海洋来，向陆地输送新的淡水，同时陆地上产生的雨水又来自陆地自身。生命遵循并依赖于这样的水文循环。

反过来，水以某种可预见的方式运动着。它可能以每天几英尺或每年几英尺的速度流过地面，这取决于土壤和其他地质条件。地下水可能排放到受纳水域中，也可能被自流含水层所吸收，或蒸发到大气中。它甚至可能被禁锢封存在一个地下湖的冰盖之下，数十万年的时间里不受干扰。该雨水循环系统在人类大规模开发城市环境前保持了良好的平衡，而这一切都随着人类的破坏而改变。

从降雨到径流

简单来说，通过管理降雨可以限制径流，而自然系统在这方面的表现比想象中更好。在一块未经开发的太平洋西北部针叶林研究模型中，平均每年超过 100 次的风暴事件都不会产生地表径流。这种森林“基础设施”减少了城市中典型的径流对地表的冲刷和侵蚀作用，也可以消除人为产生的污染物。因为大部分降水在此过程中都蒸发了。

华盛顿西部普吉特湾地区的成熟森林证明了当地森林吸收降雨的能力。拜尔莱因和布莱谢尔

这条种植了橡树的加利福尼亚州街道可以帮助我们模拟自然环境

1998 年的一项研究发现，每年 102cm 的降雨量中，只有不到 2.5cm 会变成地表径流。近一半（48cm）的降雨被树叶、树皮和树枝拦截，其中大部分随后都蒸发掉了。另外 51cm 降雨被森林的地面吸收，雨水逐渐流进地下水中，然后再渗入溪流，或者被树木根系吸收并蒸散。因此，只有最极端的风暴天气才会在森林中产生大流量的地表径流。

其他未经开发的自然环境也能有效地管理降雨。美国国家研究委员会 2008 年发布的一份关于暴雨的报告指出，在美国中西部的森林和牧场草原上，每年有一半的降水被吸收进地表，之后又重新出现在湖泊和溪流中。另外 40% 蒸发后回到大气层中，只剩下 10% 在地表流动。这种径流和城市径流自然是完全不同的——它移动得更缓慢、更迂回，能有效拦截和运送沉积物，携带更少的热能，峰值流量也更低。换句话说，一切都以正确的方式运转。

不透水表面和相关的人类活动会对水质产生不良影响。1999 年进行的一项研究阐述了由开发导致的自然水文的彻底变化。研究的目标是评估波特兰风暴前后的径流，测量范围包括两年实验期内 24 小时降水量从 0.3cm 到 6.1cm 的所有情形、以 0.3cm 为计算增量（图 1。该研

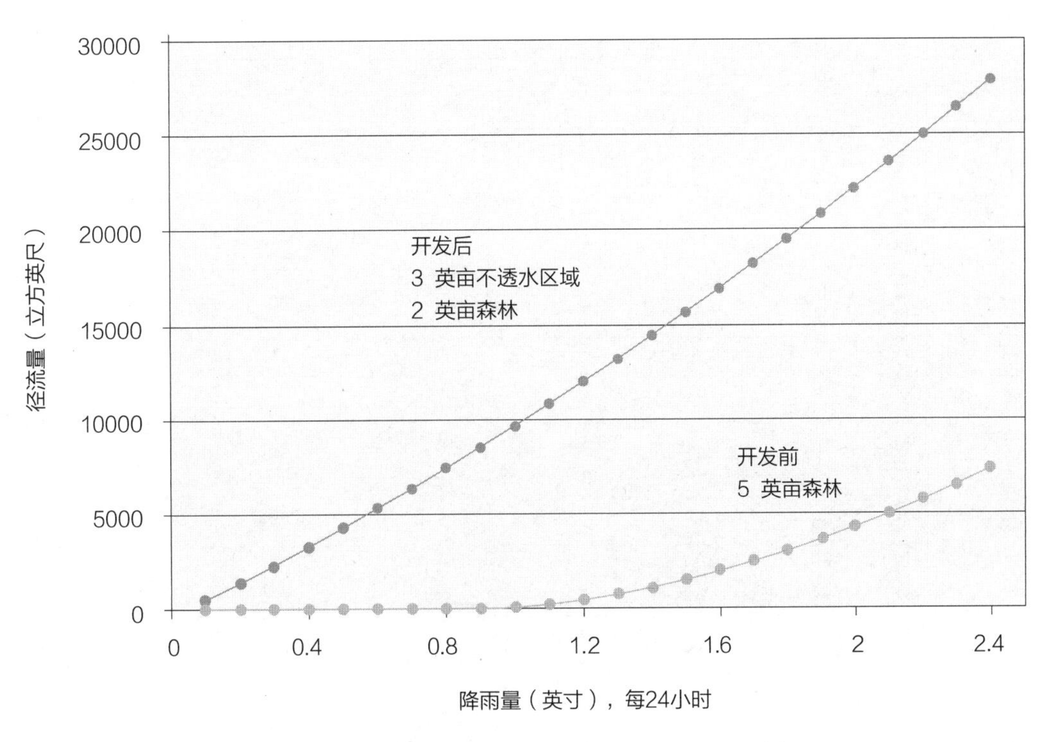

图 1　场地开发前后 24 小时降水产生的径流量对比

究使用了圣巴巴拉城市水文法进行一系列的模型演算，该方法由波特兰市批准在进行水文计算时使用）。

研究拟对一块面积 2hm^2 的太平洋西北部森林（开发前径流曲线值为 70）的开发前径流量，与其开发后形成的 1.2hm^2、径流曲线为 98 的不透水区域和 0.8hm^2 未受干扰的森林进行对比。两个场地模型会产生何种差异呢？图 1 展示了结果。

开发前，24 小时内降水量不超过 2cm 的情况下根本不会形成径流。当 24 小时雨量达到 2.3cm 及以上时，雨水开始以径流的形式在地表流动。两年内降水量为 6.1cm 的暴雨最终形成了 28m^3 的径流。即便如此，森林还是在 24 小时降水量不大于 5cm 的降雨中实现了对径流的有效控制。

开发后实验展现出了完全不同的情况，在倾盆大雨后穿过传统购物中心停车场的人们对这些场景再熟悉不过了。即使是 24 小时降雨量只有 0.3cm 的小雨，也会在两年中产生 11m^3 的径流。而两年一遇的 6.1cm 暴雨中，总共 1234m^3 的降水 787m^3 都成为径流。

在这场为期两年的降雨实验中，2hm^2 森林中被开发的 1.2hm^2 产生了过多额外的径流，相当

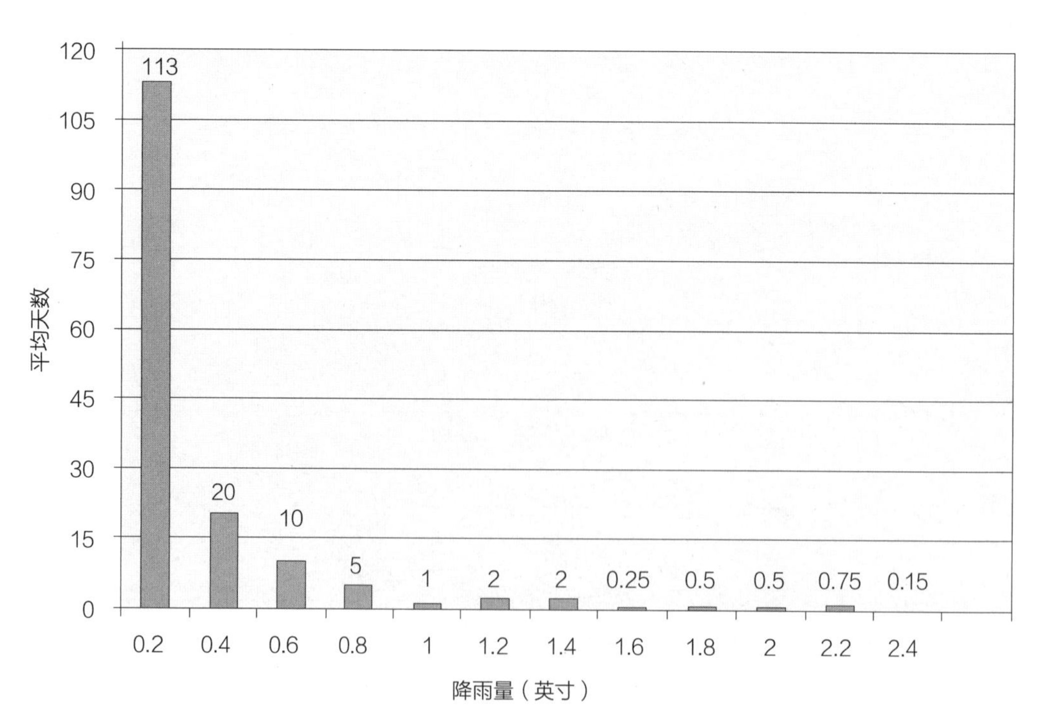

图 2　1984—2000 年，俄勒冈州波特兰市平均每年发生风暴事件的规模

于整个场地上都蓄积了超过 2.5cm 深的雨水。这种深度的雨水将有助于我们理解景观雨洪管理（LSM）的标准制定，这将在本书的后半部分进行论述。

当我们开始考虑城市环境中的不透水空间时（其中有多少下渗率为零？），就不难看出一场小雨是如何酿成一个大问题的了。

城市径流的影响开始显现

自然环境中产生的径流比城市地区少，并且其发生频率更低。如果在天然林中从未出现过径流，那么之后产生的频率也几乎为零。对于已开发的场地来说，所有的降雨都会产生充满能量的径流，几乎每次下雨都会对河道造成破坏。在太平洋西北部，这种情形每年大约会出现 150 次。频率高发的径流是影响自然系统和公共基础设施的因素之一。这一问题与流经管道的水流关系不大，因为大多数管道通常都考虑了应对 10—25 年一遇的大型暴雨，但当这些水流最终都从一个出口排入天然河道时，它们强大的能量就会造成严重破坏（图 2）。

风暴规模的影响

管理雨水的另一个重要方面是了解暴雨的类型和频率——即降雨量是多少，多久发生一次？了解降水特征为更好地管理城市径流和与降雨相关的常见污染物打下了基础。

太平洋西北部和其他地区的大部分降水是以小型暴风雨的形式出现的。请注意：这个“小”的概念是相对的；得克萨斯州一场小型暴风雨的规模可能比俄勒冈州一场小型暴风雨要大得多。由于降雨常以风暴的形式出现，充分了解它并结合必要的传统手段是对景观雨洪管理基础设施进行有效开发的重要前提。

波特兰的降雨量数据显示，从 1984 年到 2000 年，平均每年有 148 天的 24 小时降水量不超过 2.5cm（图 2）。总的来说，这些降雨加起来占到了全年总量的 81%。美国亚拉巴马大学的罗伯特・皮特等人研究了这些小型风暴的水文状况，当大部分降雨以小型风暴的形式出现时，超出自然系统管理能力的径流发生频率就会低得多。另一方面，在过去一个多世纪或更长的时间里，城市发展很容易受到降雨的破坏。因为大多数降雨会产生大量的径流和冲击，以及比自然条件下高出多个量级的污染物负荷。

在许多城市，每年可能上百次地受到大流量和被污染雨水的侵袭。暴雨使城市的河道和溪流决堤，对野生动物和人类财产造成严重威胁，包括对地下埋设的下水道和其他管道系统造成破坏。从农药、病原体到金属和物理垃圾，径流似乎成为了城市环境中吸纳有毒污染物的载体。这甚至还没有将合流制下水道溢流而引起的污水排放考虑在内，问题就已经如此突出了。在许多国家，污水和雨洪是在明渠中排放，这在暴雨径流超过管道或水渠的承载能力时会造成更大的影响。

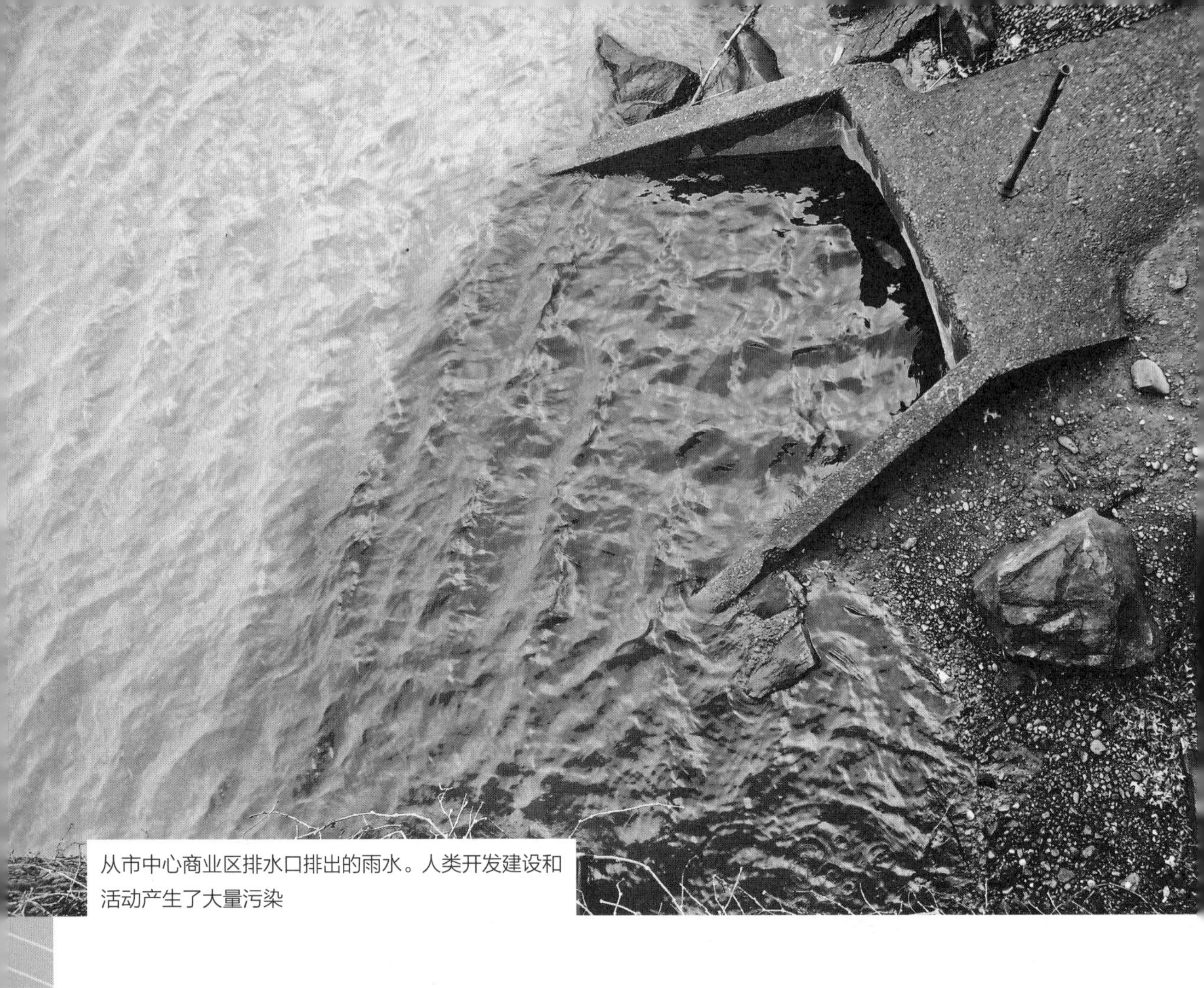

从市中心商业区排水口排出的雨水。人类开发建设和活动产生了大量污染

地表传输

考虑到传统方式是在管道中对城市地表上的雨水进行收集和转移——既看不见也不受管控——这种方式本身就存在问题。堵塞的下水道入口会导致街道积水，这些积水在流向沿街其他下水道入口的过程中会带来交通隐患。相反，无论是明渠还是景观雨洪方法，都能直接反映出该系统的运行状况。

绿地中的地表传输增加水容量的同时降低了径流强度，从而消除了管道系统径流容量有限而造成系统故障的一部分可能性。当雨水进入管道时，系统故障可能以其他方式发生，但这些方式并不总是及时显现，从而导致更严重的并发症。

管道和排水口可能会被杂物堵塞，尤其在有大量树叶掉落的地区。当管道被堵塞甚至完全塞住时，水会寻找流动阻力最小的路径，例如将井盖掀起来或者不被察觉地从井盖上涌出地面并顺坡而下。也就是说：要么找到通往雨水系统的新入口，要么就另寻归处。管道溢流不仅会淹没街道，还会破坏道路，导致其塌陷。与未经处理的污水混合后的雨水会加剧堵塞——这就好像是堵塞马桶的污水流到浴室地面上的放大版一样。

加利福尼亚州富勒顿的一个大型开放河道。过量的藻类生长说明水质出了问题。这些夏季径流来自过度灌溉和其他水源，并将最终流向太平洋沿岸的海滩

这并不是说景观雨洪管理方法就可以使业主和用户免于维护。波特兰市的一名工人曾经问道:“当我们连已经一个多世纪的传统管道和进水口都清理不干净时，为什么还要使用绿色基础设施？”

无论是灰色还是绿色基础设施，不当的运行和维护（O&M）措施会妨碍系统的性能，并且会牵扯到城市尚未解决的头号问题：获得持续的财政支持以维持灰绿雨水系统的性能。最终，这些解决方案通常是更简单的、花费更低的且更易实现的，对绿色基础设施的需求也更加凸显。本书的后半部分将更深入地讨论成功的运行维护实施策略。

虽然这种街道路面塌陷很罕见，但它说明了地下管道系统存在故障的可能性。一辆城市卡车用吸尘器清理堵塞的入口时，一根断裂的地下管道导致了街道路面塌陷

浪费的水和流动的资产

值得考虑的是，以一种更可持续的方式进行雨水管理可能有助于维持水在未来的价值。毫无疑问，在美国，我们的社会总有一天会难以置信地回顾我们究竟浪费了多少水，并纳闷为何它曾经如此便宜。

事实上，可以将我们国家与垃圾的关系变化与水资源作类比。在几十年的时间里，我们从一种将所有东西都扔进垃圾堆的文化，转变为了重新利用物质垃圾的文化。我们回收玻璃、纸张、金属和一些塑料，我们用垃圾和食物残渣在院子里堆肥。我们创造了一种收集垃圾燃烧所产生的热量的方法。我们甚至介入垃圾的前端处理，通过分类回收减少可回收物被当成废弃物处理的情况，而剩下的无用的垃圾，我们才用一大笔钱将其运走。

根据美国环境保护署（EPA）的数据，美国人将超过三分之一的城市固体废弃物进行回收或堆肥。接近 12% 的垃圾通过焚烧以回收热能，剩下约 54% 的垃圾则进入垃圾场。即便是这样，环境中还是有太多的垃圾被扔来扔去，因为我们有足够的空间去填满垃圾。但有一个新的事实逐步为人所认知，换句话说，我们正在浪费的这些资源太过宝贵了以至于不应被埋在垃圾堆中。

不合理的价格

干净的水实在是太珍贵了，它不应被浪费。美国以外的一些国家已经意识到了这一点；他们给水制定了相应的价格。

在美国国内，我们与水的关系就像它的管理网络一样支离破碎：事实上，共有 15.2 万个独立供水系统——从露营地和集市上的季节性供水系统到数百个为 10 万以上人口供水的系统（美国环境保护署，2013 年）。但超过一半的系统服务的客户不足 500 人。

美国国内的水价差异巨大，而且几乎不考虑地理和气候因素。以一个四口之家的平均用水量（42472L）为例，在杰克逊维尔和密尔沃基等城市可能每月仅需支付 25 美元，而在西雅图或圣迭戈每月支付的费用就高达 70 美元。

呈现出来的价格区间可能导致人们认为水的实际价值介于两者之间。汉密尔顿项目的一份报告显示，每天仅从水源到水龙头的输送过程，我们就会损失约 16%，即 265 亿升的饮用水。美国人每天的用水量大约是德国人和英国人的四倍，但支付的水费却比任何发达国家的人都要少。

在美国，低廉的水价和对使用量缺乏清晰认知，使得人们很难去节约用水或对水进行回收再利用。由于每加仑水的费用不足 0.5 美分，用饮用水冲厕所的行为在经济上就变得理所当然了。如果再征收每加仑 1.5 美分的污水管理费，其费用优势可能会稍微不那么明显一些。但当检视环境和社会的外部问题时，例如全球淡水资源匮乏、长期干旱以及抽水所需的能源等，情况可能就有所不同了。我们低估了淡水的价值，这反过来又影响了我们所使用的基础设施类型。

管道面临的问题

饮用水的低价阻碍了设计和技术的创新，这一情形与 1 千瓦电的价格仅接近生产成本的能源行业类似。

清洁能源领域的公共研究、专利申请和风险投资已经在财政和智力资源方面远超水资源领域，取得了指数级增长。例如，在 2000 年至 2013 年之间，公共研究与发展基金向清洁技术领域提供了 80 亿美元的资金，而仅有 2800 万美元投向水资源领域，甚至不知道在雨洪方面到底起到了什么作用。

与此同时，我们的废水和污水系统投资长期不足。公共事业陷入了低投资与监管限制的循环中，无力承担亟需的升级费用。在《清洁水法案》开始实施后，联邦政府将原本直接发放的补助金变成了由“清洁水循环基金”提供的有偿有息贷款。

美国环保署估计，在 2010 年至 2030 年期间，用水和废水处理等公共设施建设的资金缺口为 3000 亿美元。

基础设施与能源

大多数的供水系统依靠水泵从地下或山上的水源输送水。这些水泵需要电力对管道加压以保证从水龙头到管道的稳定水流。污水处理厂利用压力将污水沿管道输送，并通过化学和生物过程净化污水，这也会消耗额外的电能。电力研究所估计输送、处理水和废水消耗了美国 4% 的电力。可以通过将径流从合流制雨污系统中分流、节约总用水量来减少这些系统对水的需求，从而节省电力以及与发电相关的环境成本。

与之矛盾的是，波特兰的“大型管道”项目（我们将在另一章中更详细地讨论）在减少下水道溢流的同时增加了电力消耗。在这个下水道系统改造之前，混合污水通过重力流直接排入城市水道而无需电力，而现在需要用能源密集型的水泵系统将大约 2270 万升的混合污水输送到一个新扩建的污水处理厂中。废水造成的水污染虽然减少了，但空气污染和发电产生的碳排放又给这个解决方案带来了碳排放量的新问题。花在绿色基础设施建设上的每一美元都有助于减少这些问题。

过去一个世纪安装的水和废水处理系统的关键组件“都在同一时间达到了使用寿命的终点”。从 20 世纪 70 年代《清洁水法案》时代处理厂中的混凝土和钢材，到 20 世纪 90 年代早期的铸铁水管，这些基础设施引发了一场不完美的风暴：延期的维护项目和资本项目争夺市政和公用事业预算。

美国土木工程师协会在 2013 年发布的美国基础设施报告中，将饮用水和废水处理系统评为 D 级，而新美国基金会的另一份报告将这些系统因低效造成的经济损失核定为每年度 30 亿美元。一个听上去不错的消息是：这远低于道路、运输、航空和能源等其他基础设施领域的损失。而坏消息是，实际去“维修”水和废水系统的预估成本，

这座建于 1952 年的波特兰污水处理厂经过了数次扩建和升级。新建筑的植草屋顶无法在波特兰干燥的夏季一直保持绿色

比大多数其他基础设施类别都要高。

一般来说，城市中混合污水占到雨水径流总量的五分之四。绿色基础设施在径流进入合流制下水道系统前就将其捕获。我们的目标应该是建立足够的绿色基础设施来保护现有的清洁下水道。通过这一契机，以一种具有弹性和成本效益的方式来升级落后的基础设施，应该是受欢迎且及时的。随着人们对绿色基础设施的逐渐理解和接受，那句老话“无论如何最终都要送到污水处理厂去”不再灵验。当然，有时把雨水径流输送到污水处理厂去也是有一定必要的。

城市环境中的健康与栖息地

对人类健康和福祉的关注为现代雨水和污水系统的发展提供了动力。然而，用混凝土和不透水表面组成的建成环境去取代自然系统总会给人类、植物和动物带来迄今为止意想不到的健康问题。

在这本书中，我们首要的任务是阐明与雨洪管理相关的绿色方法。换掉不透水表面、创造新的景观、将水纳入城市景观等做法附加的好处是，对当地甚至全球范围内人们的健康和福祉产生积极影响。

2008 年美国国家研究委员会的一项研究考察了城市化对流域国家的影响，报告称“几乎所有相关问题都源于一个根本原因：城市景观中的土壤和植被失去了保水和蒸发蒸腾的功能”。

发达地区也产生了所谓的“城市热岛效应”，城市地区的气温可能比周边欠发达地区高出 12℃。这很大程度上是由于公路和屋顶取代了自然表面，前两者在夏季热辐射产生的温度比周边空气温度高出 28℃—50℃（美国环保署，2014 年）。

为了验证绿色基础设施的效果，在 2001 年 8 月夏季的热浪中，芝加哥市政府的工作人员测量了市政厅大楼新建的绿色屋顶表面温度和周边空气温度，并将其与位于同一栋大楼的库克县办公室的黑色沥青屋顶进行比较（美国国家公园管理局，2004 年）。1524m^2 的黑色沥青屋顶的表面温度高达 76℃。种植面积达 2044m^2 的绿色屋顶表面温度区间为 33℃—48℃。绿色屋顶的铺装区域表面温度在 52℃到 54℃之间。屋顶周边的空气温度更为接近：县政府办公室为 46℃，而市政厅为 42℃。

如此高的温度会产生一系列令人反感的环境和健康问题。当居民使用空调时能耗激增，在许多情况下会使化石燃料消耗增加，从而产生温室气体，降低空气质量，导致（人类和动物的）疾病和死亡率激增。雨水流过这些高温表面时会吸收热量，这将导致河流退化，因为仅仅是水温升高就可能使水生生物的生存压力增大甚至死亡。

正如美国河流协会的一份报告所述，绿色基础设施可以改善这些问题。生态屋面、树木、藤蔓和绿色墙体在降低周边环境温度的同时提高建筑能效，这也意味着电网压力的降低。雨水花园与多孔的人行道能够蓄渗径流，或者让径流在排入溪流前冷却下来，就像树木和植物的遮阳作用一样。新的景观旨在渗透径流，减少不透水区域的覆盖，补充地下水供应，减少对处理过的洁净水（用于灌溉）和随后的径流管理的依赖。因为这些过程也会在场地上留下污染物，而不是顺着水流带走。

在更大范围内，社区和组织已经开始将绿色基础设施确定为减弱温室气体排放和缓解气候变化的关键机制。增长的绿化面积通过消除污染物（如影响人类健康的颗粒物）和释放氧气来净化空气。2008 年波特兰的一项研究发现，一个 372m^2 的绿色屋顶每年能消减 726kg 的颗粒物，从而改善空气质量。

从对公共开放的生态屋面到修复河道周边的改造项目，绿色基础设施可以创造更多的休闲娱乐空间。城市的自然空间也为受城市化威胁的鱼类和野生动物创造了急需的栖息地。雨水花园取代了学校教室窗外的停车场，绿色屋顶被蜜蜂和其他授粉者占据——这些设施增进了附近居民的整体健康和福祉。越来越多的证据甚至将建筑的使用满意度、性能水平同场地中自然环境的可达性和可见性联系起来。

从本质上说，我们面临一个负担加倍的局面，我们付出高昂的财政和环境成本去消除本已允许在城市空间中被污染的降雨，然后当我们从其他地方收集和进口水资源以满足居民、商业和工业

波特兰市中心的老图书馆在 2008 年翻新了一个生态屋面。这座建于 1914 年的建筑为莫特诺玛县所有，自 2003 年起已先后改造了 5 个生态屋顶

在干旱的索尔特河右边，亚利桑那运河将水引入菲尼克斯市区。下雨时，索尔特河将该地区的雨洪排走。一面花钱引水，一面又将免费的雨洪放走

需求时还要再次支付费用。

被破坏的自然过程不能被一套管道系统就完全取代。汇集径流后将其输送到下游（或顺流而下进入溪流中）相当于把夜壶里的东西倒出窗外：你的问题只会因为楼下街道上邻居的抱怨变得更糟。日益恶化的环境不断提醒我们“没有下游，也没有退路”。当然，在城市化发展不断加速的过程中，很多东西都是循环往复的。

然而，正如我们不断学习到的，拥有巨大潜力的景观雨洪管理方法能积极地影响这些差异化的系统问题。如何通过植物方式管理雨水？具体的实验结果将在后面内容进行讨论。

梯田在亚洲和世界范围内已经被开发和利用了数千年。这一概念正在寻找新的应用方式，例如作为城市的雨洪管理工具

第3章

经济、政策与政治：做好景观雨洪管理的准备

大量应用景观雨洪管理的设计可以追溯到几个世纪以前。但在过去的一个世纪里，由于成本、产品和政策等方面的原因，阻碍它们被广泛采用的障碍越来越多。在此，我们要探讨如何更好地理解绿色基础设施真正的经济价值，监管力度、政治、技术规范和政策可以在实施更可持续的雨洪管理方法方面发挥重要作用。

城市发展是人类文明的物质基础，其中就包括不透水地面和管道。雨水径流，即降雨落到城市环境的不透水硬地后的物理阶段，在大多数自然环境中几乎不存在。因此为了扭转、减轻或消除雨水径流所带来的负面影响，设计或改造城市社区的新方法正在探索和试验中。

许多新思想是对旧思想的再认识。在美国，恢复城市自然面貌的意识和兴趣的唤醒，可以追溯到管理水、空气和受威胁物种的联邦立法的颁布，如《清洁水法案》。另外通过整合水、土地和植被的设计技术，融入自然的建筑模块也能成为城市健康社区的基础。

成本和目标驱动城市发展决策。在传统的雨水管理中，法定的目标伴随着监管成本的增加和对城市设计期望的转变。许多人仍然认为采用绿色植物方法相较于传统方法会增加成本，从而站

波特兰在建的梯田雨水花园能受纳来自城市街道和州际公路的雨水径流

在所谓谨慎的政治立场上维持现状。

但是，如果这些自然方法无论短期长期都能降低成本呢？如果开发商和城市规划者因为没有利用重新引入自然的方式来管理雨水，而在水泵和管道上投入了更多不必要的资金呢？这些如果反映了一个不为人知的事实，对于我们国家的大部分地区和世界各地的城市化地区，他们在雨水管理方法上是失败的。

法律和秩序

对于美国大部分地区而言，在过去的 25 年中，有关雨水水质的联邦法规已经得到认可。1972 年通过的《清洁水法案》赋予了美国环保署（EPA）清理全国水域的权力，使其到 1983 年达到“可游泳”及“可捕鱼”的水质条件，到 1985

年实现污染物“零排放”。但只有少数几个州，如佛罗里达州和特拉华州将这一法案延伸到了对雨洪水质的监管，尽管很多地区已经意识到其对水域水质的影响。

《清洁水法案》

1938 年，波特兰市民针对该市严重的水污染问题展开了一次“清洁水需求”行动，这一行动虽然因第二次世界大战而中止，但随后没多久又恢复了势头。最终在 1952 年建成了该市第一座污水处理厂。这比《清洁水法案》早了 20 年，并且是在没有任何联邦财政资助的情况下完成的。

《清洁水法案》通过授权环保署实施关于规范污染物排放的计划，明确了国家水域保护的最低联邦标准。原先的立法只关注水质标准，主要是为各州和市政当局的清理工作提供建议和政策支持。1972 年的条例建立了美国国家污染物排放消除制度（NPDES），规定了向地表水排放污染物必须获得许可。同时新法规还为全美范围内污水处理厂的建设提供了资金，但该法并未涉及雨水径流的处理问题。

直到 1987 年，《清洁水法案》始终在雨水管理的法规领域占据主导地位，尽管当污染物排放对饮用水或栖息地造成不良影响时，其他法规也能够发挥作用。例如，如果雨水径流的管理不当威胁到濒危物种的健康安全，那么《濒危物种保护法》可能具有一定的执法作用，而《安全饮用水保护法》能够增大对雨水径流污染或威胁地下水供应的监管力度。

美国自然资源保护委员会（NRDC）发布的一份时间表中记载了法规实施过程中出现的尴尬，规则在新成立的环境保护局（1970 年成立）、国会、法院系统、州政府、企业和类似 NRDC 这种不怕打官司的组织之间互相博弈的过程中来回变动。在管理水资源的监管环境中起作用的力量似乎与雨水本身一样复杂。随着对监管的激烈争论，评估雨水管理方法的经济效益反而被忽视。于是从事下水道设计的专业人员只考虑使用成本高昂的管道，绿色的雨水管理方法根本没被运用过。

《清洁水法案》的目的是根据当时并不存在的物理、生物和化学标准，恢复和维持全美的水质。最简单的方法及最优先治理的重点就是限制农业、工业和城市污染物流入地表水。直到目前，关于污染物限定值的科学研究才刚开始，过去几十年来，一直没有足够的监测数据用以确定美国众多水道中不同污染物的最大值。

《清洁水法案》早期的大部分工作主要集中在建设和改善污水处理厂上。2002 年，国家预算局估计，联邦政府承担了高达 75%的资金投入，在 20 世纪 70 年代高达数十亿美元之多。直到 1980 年，在一个减少管控和宣扬“政府就是问题”论调的时代，联邦政府对污水处理厂的资助逐渐减少。全国各地的城市以及公共事业单位拒绝国会和环保署针对下水管道系统无资金扶持的额外措施。

与此同时，随着国家开始通过限制点源污染来提高水质，非点源污染（包括城市雨水径流）造成的影响会更加显著。此外，随着源源不断的诉讼和不尽人意的妥协，环保署在实施《清洁水法案》时面临的限制也变得更加明显。

《水质法案》

1987 年国会修改《清洁水法案》为《水质法案》，终于更加明确地应对雨水径流问题。该法案明确了美国国家污染物排放消除制度（NPDES）许可的有效期，规定了工业废水排放和市政分流制雨污管道系统（MS4s）以及合流制污水管道系统（CSOs）的城市排放标准。

对市政当局，《水质法案》规定了分两阶段的雨洪管理实施方案。第一阶段规定要求人口超过 10 万的城市和某些工业区的大中型雨水排放口必须采取监测措施，并保持到 1989 年（1992 年交付）。第二阶段规定要求雨水管理措施的应用需适用于 5 万到 10 万人口的城市并维持到 1992 年（1997 年交付）。

2000 年，美国环保署宣布，对于新建设和再开发的雨洪径流管理系统，要从各个城市现有的“最佳管理措施”（BMP）案例中吸取相关经验，主要包括污水处理池，植草沟和人工湿地的应用（雨水径流的管理规定还包括其他几个问题，如侵蚀控制等，但本书未对此进行讨论）。

根据相关监管机构认可的合流制污水管道系统标准，美国环保署已经确定了 770 多个需要进行深度升级的系统，以解决长期以来的溢流问题。不合乎规定的城市和下水道区域必须与环保署或所在州政府签订协议，以确定相关部门处理那些违规合流制污水管道系统（CSO）的时间计划表。长期控制计划阐明了一系列用于解决实际问题的方案，但这些方案并不便宜。自 1998 年到 2012 年之间，美国环保署与 135 个下水道溢流综合系统签订了协议，总建设费用大约为 280 亿美元。为了应对另外 635 个城市悬而未决的诉讼以及持续的系统故障，解决方案不可避免地需再花费数十亿美元。

市政分流制雨水管道系统已经在工程领域得到认可，作为对合流制污水管道系统的改进，结合了雨水和污水处理。通过将被污染的废水与雨水分开，城市污水处理厂可以针对生活废水和工业废水进行专门处理，同时快速将雨水直接排放到最近的管道而省去多余的处理过程。许多使用

在 2011 年“大型管道”工程完工之前，每年会发生 50 次以上合流制污水管道溢流从几十个排水口冲入波特兰威拉米特河的情况

从邻近高速公路直接排入河道中的油污，这就是美国大多数雨水排放的典型特征。这并不是溢流，但每次降雨在此产生的径流中都会携带这些污染物

合流制下水道的城市也逐渐转向使用这种部分分流的排水系统。

遗憾的是，这些市政分流制雨污管道系统还是存在一些问题。分离的雨水径流仍然聚集了城市碎屑污染物、垃圾、某些地区的废气和废热及动物粪便。从某些方面来看，这些分离出来的径流可能含有高浓度的污染物，会对水生物种和人类造成危害，比如加州的冲浪者。容量较小的卫生专用管道也会溢流到河道中，混合管道则可能回流到地下室。

监测进展

根据 1983 年“国家城市径流计划”（NURP）研究的监测数据，美国环保署表明他们有足够的数据证实雨水确实是造成美国水域污染问题的重要原因，因此应该尽最大努力进行雨水径流管理。由负责分流制雨水管道系统阶段一实施的部门在 20 世纪 90 年代进行的专项监测证实了这一点，但最初并没有考虑到解决雨水污染问题的成本。

运用传统方法建设的污水溢流大型工程，投入可能高达数十亿美元。用这些大型管道来拦截径流的城市包括波特兰（14 亿美元——后期还有增加）、堪萨斯城（24 亿美元）和芝加哥（30 亿美元）。

当然，这些减排成本会分摊到用水消费者身上。在印第安纳波利斯，一对直径为 5.5m 的隧道平均长度 13km，建设成本接近 6 亿美元，这是该城市正在进行的耗资 20 亿美元的市政污水处理系统升级工程的第一阶段，而用水者每月大概会收到 60 美元的下水道账单。

制定法规只是雨水管理政策实行过程中的挑战之一。另一难点就是需要对非点源污染场地的水质进行实际监测和测量。由于雨水的频率和成分变化很大，收集准确且具有代表性的样本需要反复地、及时地探访污染源，但实际上美国环保署和地方当局都没有能力监管这么多潜在的溢流。

经过 40 多年的努力，《清洁水法案》得以通过，但要实现该法案规定的目标，美国大部分水域仍有很长的路要走。相关工作仍在继续，但《清洁水法案》也存在一些限制，例如该法规并未完全涵盖农业方面的问题。与此同时，增加的成本、空间的需求以及给基础设施带来的压力都表明：是时候尝试一些不同的东西了。

2008 年国家科学研究委员会关于城市雨水的一份分析报告推测，现行的监管体系在设计和建设方面是站不住脚的。“有必要对目前的监管计划进行彻底的改革，才能实现未来对排放主体的有效监管。”

国家与地方法规

事实证明，在雨水管理方面，联邦法规复杂且低效。直到最近，某些法规被认为不够灵活，比如按照 CSO 法令，绿色方法就无法取代传统灰色基础设施。即使美国环保署的监管机构为此放宽了自由度，雨洪管理的景观解决措施仍面临着与国家和地方法律相冲突的问题。

某些城市可能会规定将草修剪到一定的高度，但实际上该行为可能会影响自然草坪的雨洪管理绩效，而道路和路权的相关规范可能会妨碍已建成的绿色街道发挥功能或限制某些区域树木的种植。除此之外，鲜为人知的水权规定可能会影响雨水收集或阻碍生态屋面的建设，就像 EPA 2007 年在自己丹佛大楼的项目中所经历的那样。

实践证明，假如有充足的时间、金钱和坚持不懈的努力，相关人员可以解决这些冲突并分享成功的方法。但是对于那些绿色方法尚未完全应用开来的地区，既没有充足的时间，也缺乏资金投入。业主或开发商选择相对容易的方法去管理雨水看似是一种谨慎的做法。然而，在环保主义者、开发商、规划师、业主、建筑师、景观设计师和工程师不停的争论中，景观雨洪方法作为胜利者已经浮出水面。他们最终接受了这一方法带来的三重底线效益，并寻找到了量化这一最重要的单一底线的方法：金钱。

绿色方法的经济效益和成本

想要了解绿色基础设施效益的最简单方法之一就是将传统做法与绿色做法的成本进行比较。即使在今天，有很多人还是惊讶于绿色基础设施能够在直接经济成本的比较中胜过灰色基础设施。然而，绿色的雨水管理方法一次又一次被证明不仅能在项目的整个生命周期节省资金，而且还能在前期省掉许多额外支出。

一项针对美国景观设计师协会 300 名成员的调查收集了他们实施绿色基础设施或低影响开发措施来管理雨水的项目情况。近 500 个项目中，只有四分之一的项目因为采取了环保措施而花费更多。近 45% 的项目实际上节省了开支，剩下的 30% 实现了资金平衡。

使用绿色方法的实际经济效益可以贯穿绿地的全生命周期。2013 年，美国自然资源保护委员会发布了一份题为《绿色边缘：绿色基础设施中的商业地产投资如何创造价值》的研究报告。该报告指出了除雨水管理绩效和市政当局可能提供的费用减免之外其他的最低价值。报告详细列出了诸多好处：增加销售额、租金和房产价值；节约能源和水；减少基础设施成本；提高工人幸福感和工作效率以及降低犯罪率。

一项对纽约市炮台公园地区公寓的调查显示，有绿色屋顶的建筑其租金溢价高达 16%。正如我们在其他地方所看到的那样：合理地栽植树木可以对建筑物进行遮挡，避免因阳光和风造成能源消耗。周边有种植和绿地的城市购物区和沿街购物中心更受消费者青睐。并且，在其使用过程中，绿色屋顶和多孔路面等设施比同类的灰色设施更耐用，维护成本也更低。

以上这些景观雨洪管理方法还有助于减少洪水治理相关的成本。根据美国联邦应急管理局预计，暴雨造成的损失占美国每年 10 亿美元洪灾防治支出的四分之一。

如今，世界各地的人们开始以全新的眼光看待绿色基础设施：这是一种更好更节约且更有效的方式，不仅可以管理拖欠资金数十亿美元的烂尾设施，也是一种设计新开发项目的方式。绿色基础设施的收益已经达到了如此高的认知度和接受度，以至于世界各地的许多城市都通过了绿色屋顶的法律：包括哥本哈根、东京、多伦多和首尔，以及德国、奥地利、瑞士的一些城市，还有新加入的巴西和法国。

绿色发展的时代

费城，与数百个正在和 20 世纪遗留的合流制下水管道系统做斗争的美国城市一样，看到了走向绿色的机会。早在 2002 年，该市政府高层就对波特兰在景观雨洪管理方面的试验和示范产生了浓厚的兴趣，他们吸取了波特兰的经验，决定加大绿色基础设施的实施力度来解决该市合流制下水道的溢流问题。

2010 年，费城的“绿色城市，清洁水域”计划开始实施 10 亿美元的绿色建造方案，同时还有 20 亿美元的灰色基础设施建设作为补充。目前正在进行的改造和系统升级的设施组合预计将在未来 25 年内节省数十亿美元，缘于城市将改造约 4050hm^2 的不透水路面以更好地管理雨水径流。大部分工程都集中在雨水花园、行道树和雨水种植池、多孔路面、生态屋顶等项目的建设上，铲除了非必要的不透水路面，并增加了其他绿色手段。

现在，一些受到环保署协议限制的城市已经开始从工程量浩大的储水管道的建设洪流中退出，大概因为他们意识到可以从整合了景观雨水管理方法的更新途径中受益。2013 年，纽约市提出了耗资 1.87 亿美元的绿色方案，一旦成功，该方案可能会用小型的灰色基础设施建设方案取代之前的深层储水管道项目，其净节省资金可能高达 14 亿美元。奥马哈（内布拉斯加州）、辛辛那提（俄亥俄州）和华盛顿特区等城市也加入了致力于通过绿色创新取代传统灰色建设的队伍。

不可否认的是，景观雨洪管理技术将创造一系列经济、环境甚至是公民福祉方面的收益。然而，这些大规模的、可持续的雨水管理方法尚未被所有人接受。瑞典工程师、绿色基础设施先驱彼得•斯塔尔（Peter Stahre）写道：当你踏上可持续城市排水的道路时，很快就会发现，不同利益相关者之间的制度壁垒往往高得出人意料。

位于费城某住区道路三角区内的一个雨水花园能减少径流排入城市合流制下水道系统中

暴风雨会不期而至，在费城这个街头雨水花园中工作的年轻人对此深有体会。绿色基础设施创造的就业机会比典型的灰色方式多得多

政治和政策

当所需费用必须现在就有人承担的时候，人们发现很难对未来做出长远规划。就像应对温室气体排放、对汽车实施新的里程标准，或消除消费产品的有害添加剂等问题，出于公共利益但需要所有人买单的解决方案往往很难推行，因为一直以来个人利益都是最为根深蒂固的。

政策（城市法规）和实践（基础设施技术设计，建设和维护）受到传统和固有观念的影响而寸步难行，因此需要有重大的触发点来引发变革，比如引发诉讼并最终立法的重大污染问题。

克利夫兰、芝加哥、洛杉矶、纳什维尔、纽

在彼得·斯塔尔的远见和毅力的推动之下，瑞典马尔默市在 2000 年将一个经营性设施改造成了大型的绿色基础设施示范项目。该项目包含了许多类型的生态屋顶、明渠、种植区域，以及各种雨水花园的设计

约、费城、旧金山、西雅图和华盛顿特区等美国城市已开始着手实现这一转变，通过借鉴模式、加大政治投入、实施变革性的方法来管理雨水。基于自身情况，每个城市的转变都不尽相同，但波特兰的故事是具有启发性的，因为它影响了众多城市。

波特兰故事：积极采纳和适应

在波特兰，这种转变始于20世纪90年代末，虽步伐很小，但却积极地引进并实验新的方法。这些想法，无论是用植物材料覆盖屋顶，还是用植草沟、绿地而非排水沟截留径流，都需要坚定信心加上部分资金。波特兰的领导们让每个人都参与进来，每次实施一个项目。随着项目不断成功，费用自然也降低了。

所有早期的测试项目都是在私人产权建筑上进行的，最早从俄勒冈科学与工业博物馆（OMSI）开始。景观雨洪的设计成本与传统设计相当，但可以帮助业主在其他方面节省资金。在该项目开展两年后，一个新的波特兰社区学院（PCC）校园和停车场项目向政府部门提出是否可以沿用OMSI的做法，最初的回应是否定的，因为它未被纳入城市法规，OMSI项目是一个特例。这说明一旦政府允许，开发商们已经准备好随时采用该种景观的方法来管理雨洪。

这是一个城市当中很奇怪的现象：你只需要做到最低要求，却想要迎接更多的挑战来做到更多。但是如果它未被列入城市法规中，大多数时候最好放弃这种想法。

这一次，城市规划部门同意了波特兰社区学院停车场的建设方案成为另一个特例，并且允许其指派一名项目顾问在官方机构的引导下完成该项目。这类磋商持续了五年，直到政府出台新的雨水管理规范，在这之后开发商们将被强制要求应用OMSI的方法来管理雨水。该事件引起了个体开发商，城市管理部门的工作人员，甚至一些传统的景观设计师（他们并不认同将雨水径流排放到绿地中）的不安。尽管如此，新规范仍然存在，大多数专业人士已经开始接受。

这些早期的私人开发项目证明了相关概念，并获得了政策上的支持和推动。之后，这种管理雨水的方法在应用到公共道路项目的过程中面临了更多的挑战。

彼得·斯塔尔写道：“不同政府部门的政治家和管理者都必须拿出勇气去承受来自传统主义者的不可避免的批评。”这里的传统主义者可能是设计从业人员，开发商，当选官员，业内人员或是观念根深蒂固的官僚，这意味着任何人都可以对项目提出负面评价。

一直影响波特兰及其他城市运用该技术的主要问题之一是运行和维护（O&M）。虽然运行和维护不引人注目，而且似乎无关痛痒，但它对政策的建立和执行有着深远的影响。当诸如“我们没钱维护它”这类言论出现的时候，试点项目广泛推行的可能性就基本被判了死刑。

一个正在考虑制定绿色基础设施政策的城市，可能会因为工作人员声称清理雨水设施过于昂贵而受到阻碍（对付这种情况的一个办法是以此为契机雇用季节性和夏季工人，包括无业青年，以减轻工作量）。

另一个问题则与审美观念有关，有些市民不喜欢绿色街道或其他景观雨洪方式给城市环境带来的改变，特别是在私有产权项目的附近，糟糕的维护和保养状况将加剧这一情况。这是一个仍处于早期阶段的行业。如果没有良好的运营成本数据和良好的维护政策，绿色基础设施可能会受到诟病。尽管也有许多人认同绿色方法，但一句怨言可能会抵消很多好感。

最后一个反复出现的问题是传统的设计和施工实践，很多专业人士都没有接受过绿色方案的设计培训。我们将在本书的后半部分更加深入地探讨这些问题。

回到波特兰，这个城市与其他城市一样要求征收雨水排放费（始于 1977 年）。像 OMSI 这样的滨海项目在 2000 年之前是免征税的，此后才开始支付这一费用。2006 年，该市开始对一些实地应用雨水管理的项目实行费用减免，其中就包括了 OMSI，因为它有景观雨洪管理作为媒介。之前每年雨水排放费总额为 39000 美元，减少 35%后，目前每年可节省 13650 美元。

多年来，即使像 OMSI 这样的项目已经充分展现了景观雨洪管理（LSM）的应用情况和经济效益，这些手段对于大众来说仍显陌生。毕竟，城市花了几个世纪的时间来设计各种管道，将径流从房屋和居民身上抽走。要扭转这一局面，需要的不只是几个一次性的场地设计。随着波特兰市“从塔博尔山到河畔”项目的开展，绿色基础设施的成本将面临真正的考验。

从试验到实践：“从塔博尔山到河畔”项目

波特兰的“从塔博尔山到河畔”项目由横跨了 20 世纪早期到中期居民区和商业区的 810hm^2 合流下水道汇水区组成。部分下水管道系统已有 100 多年的历史。在中雨到大雨期间，污水会回流到房屋和地下室。

2000 年，市环保局提出了修复和更换旧管道的初步方案。这一巨大的颠覆性工程需要开挖数英里的城市街道才能露出管道，造价约 2.44 亿美

西斯基尤大道两侧的绿化带，可以在径流排入现有的排水口之前将其拦截并下渗。这些建于 2003 年的设施成功应对了波特兰 10 年一遇的暴雨，这可能是美国第一个街道雨水设施改造项目

元。并且工程不是一次性操作就可以解决的：塔博尔项目只是这座城市众多已接近使用寿命终点的污水集水区之一。与其他基础设施建设经常面临的情况一样，主体工作被推迟。在法规强制要求下，市政府于 2006 年重新评估了该项目，这次应用了景观雨洪管理的方法。

雨水花园和雨洪种植池应尽可能与街道和沿途的公共建筑及私人房屋相结合。2006 年，塔博尔项目中的绿色改造措施耗资约 1100 万美元，通过减少管道建设的里程，削减了 6800 万美元的常规建设成本。新项目的总成本为 8600 万美元，比塔博尔项目最初估计的成本低了 40%。也就是说：在绿色基础设施上每投入 1 美元，总成本便可节省 5 美元。

事实上，通过实施一系列措施，波特兰市成为绿色基础设施实践的先行者。因此与其他大多数城市相比，它具有更丰富的展现方式和更全面的绩效数据可供参考。同时还得益于一种将雨水

在塔博尔项目中，无论街道还是私家住宅中都设置了集雨型绿地。这条街道已基本改造完成了，还需种植树木和植物

这是塔博尔项目中几百个形态、规模各异的绿色街道种植池之一

这栋既有公寓建筑在改造中增加了可容纳雨水的种植池，这种方式已被波特兰试验和证明是可以降低峰值流量和减小径流容量的

作为首要问题的风气，并且愿意花钱来验证新理念以提高宜居性的政治和文化环境。有人就曾经说过:“创造力意味着推开那扇沉重的、令人叹息的门，不再人云亦云。”

大型管道和“大漂流活动”

鉴于其绿色基础设施建设的悠久历史，波特兰是否已经形成并吸取了景观雨洪管理的经验？答案是并不完全。城市必须持续满足雨洪排放需求，特别是在人口日益稠密的城市建成区。波特兰已经建造了五条大型管道，旨在使用复合系统来容纳大量的污水以达到国家规定，从而减少排入威拉米特河和邻近的哥伦比亚沼泽的溢流。目前，该系统有望截获至少 99% 的排向泥沼的溢流，以及 94% 排向河流的溢流。

改造工程并没有使我们的排水系统达到无懈可击的程度。例如 2012 年 1 月 18 日至 19 日的一场巨大冬季暴风雨，就在 10 小时内向河里排放了近 12 亿升未经处理的污水和雨水。但总的来说，这一工程还是减少了每年超过 50 次的溢流，相当于 227 亿升雨水和未经处理污水的总量，现在每年发生的溢流不到 4 次。而除了这些效益之外，该市还有更完善的系统绩效数据。2011 年之前，溢流估算需要基于电脑建模的数据，而如今对每个合流制雨水排污口的实时监测都能产生可靠数据。

另一个衡量工程是否成功的标准，是滨水活力和休闲娱乐活动的开展，在这方面，《清洁水法案》的施行就在波特兰取得了积极成果。2011

年，一群志愿者组织了第一次“大漂流活动”，这个一年一度的盛会吸引了数千名各年龄段的参与者，他们带着橡胶轮胎、泳衣和一大堆奇装异服来到市中心的海滨，沿着威拉米特河漂流到另一处活动地点，在那里他们可以尽情地享受现场音乐，各种食物和饮料。他们为在一定程度上重新拥有并亲近河流而感到兴奋。

雨洪的排放仍然是污染发生的原因。这些非雨洪的径流通常来自多源污染物的非法排放，例如洗车行排放的清洗污水和其他液体。再加上下水道系统本身也很脆弱。事实上，波特兰政府自完成大型管道项目以来开出的第一笔污水排放罚单，与合流制污水管道溢流无关。那是 2014 年，机械系统故障造成了下水道管道堵塞，导致 5700L 未经处理的污水流入威拉米特河。

由于气候变化影响了区域降水模式，类似波特兰的雨水系统在应对强风暴或雨季变化时可能会遇到新挑战。与此同时，区域规划预测城市未来几年内将增加 100 万居民，无论这些人口是否迫使城市密度更大或向郊区蔓延，但他们的出现必将改变目前的建成环境。应对这一挑战的核心是大力发展健康的自然系统，例如绿色基础设施的建设。

波特兰加倍投入绿色建设，要求新建和改建项目减少对小溪、河流和下水道系统的雨水排放。该计划还包括修复城市的下水道，这一绿色基础设施将有效应对人口增长的数量和密度，甚至足以替代城市埋设的大型管道。波特兰即将迎来没有大型管道的时代，如果需要更多雨洪管理措施的话，绿色基础设施将是波特兰的最佳选择，甚至是唯一的选择。

公共治理的政策

当局政府的言论已被证明是推进景观化雨洪管理的有效工具。但是，雨洪系统及其相关的建筑和街道设计规范，都与纳税人的支持、既得利益和公共所有权息息相关。这一点能够为该管理的政治化创造条件，即使在那些已被证明具有前瞻思维和积极成果的地方也是如此。导火索可能是一个管理不善的公共项目失去了公众的支持，这可能是一笔严重的预算超支，或是对厌恶税收的人群实施新一轮税收的尝试。

所有公职人员（及其事业）都有退休之日，但是他们所倡导的创新实践不会随之终止。在绿色基础设施成为主流之前，每个项目都有可能成为这整个领域的例证或反例，一切都取决于其成功或失败。以下是在西雅图、马里兰和波特兰的一些失败项目，产生了对政治的连带伤害。

西雅图的“花园风”热潮

美国没有哪个城市比华盛顿州的西雅图更受降雨的影响了。该地区位于普吉特湾，一直在努力减少排入水道的污染物。面对这一挑战，人们开始愿意采用创新先进的方式来阻止径流。

21 世纪初，西雅图开始致力于采用绿色方法管理雨洪，当时波特兰的试点项目及其新推广的雨水管理手册成为人们关注的焦点。不久之后，西雅图实施了第一个重大试点项目“街边带更新项目”（SEA Street），这是西雅图为一条住宅街道进行的“自然排水系统”完整改造，该项目最终取得了成功，之后政府走访了该区域的居民，发现几乎所有人都对街道的新面貌感到十分满意。之后，西雅图开始着手其他项目，例如“生长的藤蔓大道”项目，代表着成本较低的绿色基础设施正式开始发挥作用，但2010年出现的一个重大问题可能会破坏这一绿色趋势。

西雅图公共事业公司（SPU）受命减少西雅图西北巴拉德社区到鲑鱼湾的合流制下水道溢流。2009年，借助于《美国再投资与恢复法案》（ARRA）获得的140万美元贷款，该公共事业公司得以在这个问题上取得重大进展。

巴拉德路侧雨水花园项目是该公司的首个重大改造项目，该项改造工程是在一个已经建有路缘石和排水沟的街区进行，雨水花园被设置在人行道和马路道牙之间的种植带中，但它并不是连续的，部分区域出于车辆和行人通行的需要而被断开。

在《美国再投资与恢复法案》紧凑的日程表推动下，西雅图公共事业公司加快了开工，在短短两个月内将工程进度从30%推进到90%。在这个过程中，他们忽略了场地设计过程中一些重要的调研查勘，而这些调研本可以避免项目第一阶段所出现的渗透问题：其中一个问题是可能会有黏土层冰碛物存在，这是一种渗透性很差的土壤；另一个则是随之出现的水位升高问题。

正如西雅图公共事业公司工程师道格·哈钦森所感叹的那样，“我们应该做更多岩土方面的功课。”对现场的全面评估以及对地下水位深度等水文现状的关注，其重要性绝不能被低估。

项目经理还跳过了公用事业公司后来要求的社区推广工作。为避免遭遇过多春雨，施工被推迟到6月。工程原计划9月完工，这样植物有足够的时间去适应冬天。但是恶劣的天气持续影响着施工。场地设计必须在现场进行，以便确定雨水花园每部分的设计具体落在什么位置。但由于其工作疏漏，花园都建在渗透率未经测试的地方，后来的测试显示各个区域的土壤渗透率在每小时0.5-13cm。

反对者开始抱怨该项目的一切：安全、蚊虫（积水引起的蚊子）、停车区域的减少，以及设施的不美观等，其中还包括“工业风”的标识，这让雨水花园看起来像“永久性建筑”。他们声称雨水花园与巴拉德社区的历史特征背道而驰，可能导致房价下跌。

提前到来的冬季降雨暴露了土壤类型的差异，即使是在该项目的狭小区域范围内。新雨水花园的一些部分水排得很快，但其余部分则留下了1英尺（31cm）深的水。工人们被迫用沙袋（然后是沥青防水塞）堵住入口，并派了真空卡车来将水从花园抽出来。该项目成了一个公关噩梦，《西雅图周刊》在其“2011年西雅图最糟糕项目”综述中将其称为“粪坑”。

工人们彻底拆除了几处雨水花园，并通过修建排水沟和浅凹绿地对其他雨水花园进行了改造（一定记住，要时刻保持绿地积水深度处于较浅的位置，并在设计中加入可调节的堰坝以帮助解决意外问题）。

这些问题最终促使了一种更好的、更彻底的解决办法的产生，从而改进了如今城市中建造雨水花园的方式。对修复成功的雨水花园进行广泛的测试，获得了关于这些花园在一系列天气条件下如何发挥功效的重要信息，同时密切的沟通交流和严格的现场评估工作已成为强制性要求。西雅图的事故并没有抑制人们对大规模实施雨水花园的热情，全市范围内又增加了几十座雨水花园。

在雨水泛滥的地区，老化的合流制排水系统在很大程度上是为不透水路面区域提供服务的，但这一方式始终难以发挥良好的效益，因此雨水花园将继续成为应对降雨冲击的最经济有效的方式。全球各地处于多雨或半干旱气候下的公共管理部门，不得不尝试各种方案来应对排水问题，但其花费的成本可能会遭到公众抵制。

精心策划并执行的沟通和推广活动可以满足人们对社区的关注。然而，当涉及沟通时，大部

西雅图的绿色雨水基础设施包括：在雨水向埃利奥特湾排放前将其捕获并过滤污染物的街边带

已成型的一个巴拉德绿色街道种植带，发挥着管理雨水和美化社区的作用

分设计团队的成员并不具备这种技能。想想那个顾问，他的妻子开始是让他买一条面包，又加了一句“如果商店里有鸡蛋，也顺便买一打”。结果他带着一打面包回了家。

从“雨水税”到马里兰的滑铁卢

自从华盛顿州贝尔维尤市在 1974 年设立了全美第一个雨水排放费征收科目以来，市政当局已经认识到将雨水管理成本转移给排放者（不透水土地的业主）的必要性和好处。如今，数以百计的城市通过多种渠道为雨水买单，比如物业税、用水量和污水处理费。美国环境保护署在 1922 年颁布的《全美污染物排放消除体系指南》中鼓励各城市设立雨水排放收费制度。

然而，没有人喜欢新的财政施压，所以在那些提出征收雨水费的城市，反对者都仰天长啸道：“这就是另一种税收！”虽然反税活动的参与者们发出的声音很大，但可以预见的是那些拥有大面积不透水土地并需要为此支付最多费用的业主们才是最希望取消这一政策的人。

那些成功的城市通常拥有良好的宣教和推广计划。雨洪管理工作势在必行，其资金也已经准备到位。需要做的就是向公众展示项目成本和资金来源，解释现行方法的不公平之处，并证明拟议的雨水费是公平的。其费用标准主要是基于不透水地表的面积（单位为平方英尺）而制定的，尽管它不是最完美的方案，但它一定是当前大多数城市实行的雨洪管理措施中最好的了。

在马里兰州，10 个城市化程度最高的地区的居民在车道和停车场等不透水地面上接受了雨洪管理费的评估。2012 年州立法机关通过了这项决议，征收的费用为清扫街道、设施维护、植树造林和加固海岸线等雨洪管理的方方面面提供了资金。另外这笔费用还激励了更多绿色方法的应用，如雨水花园和落水管引流。这项立法本身是根据美国环保署《清洁水法案》的要求制定的，目的是将切萨皮克湾的污染降至最低。

在巴尔的摩县，拥有独栋房屋的居民经测算每年需要交纳 39 美元的费用。在弗雷德里克县，委员们对该立法犹豫不决，并最终确定了每年 1 美分的评估价，第一年只为整个财政贡献了 490 美元。

面对共和党候选人拉里·霍根在州长竞选中遭遇的困难，保守派和政治活动人士迅速采取行动，在选民心目中将这笔费用重新定义为“雨水税”。民主党候选人、马里兰州副州长，州长一职的头号竞选者安东尼·布朗因为财政上的不负责任而受到攻击。“雨水税”成为压垮他的最后一根稻草。

霍根承诺一旦上任就废除雨水排放费，最终击败了布朗。虽然这次选举不应成为影响雨洪管理绿色措施的因素，但该事件也提醒了人们，政策很容易被误解和政治化。2015 年 5 月，“雨水税”已由强制性要求转变为赋予各行政区权利，由他们自行决定是否征收。

进步与坚持

绿色屋顶和雨水花园都能管理雨水和径流，但两者的优势各有不同。哪种方法最适合某个特定的项目呢？如果没有明确的数据，城市就无法量化运用单个或组合式雨洪管理方法的相对回报率。于是大多城市被迫保持现状，或根据不完善的数据做出决策并以此为评判标准。

在肯塔基州的路易斯维尔，这样的标志代表着城市居民日渐提升的绿色基础设施意识，以及美国环保署对此的认可度也在提高

感谢以瑞典马尔默市的彼得·斯塔尔为首的世界各地的先驱者们，他们很早就与基础设施“传统主义者”（斯塔尔在《马尔默蓝绿指纹》中如此称呼这些人）相抗衡，从而推动了绿色事业的进程。绿色基础设施的低投入／高效益现在有了一系列实证的案例，以便在说明这些方法是否有效并提高宜居性时参考。

现在，那些早期行动的城市正在进入一个与不同的场地、城市和气候条件相适应的，融合科学、设计、建设、运行和维护的微调阶段。绿色基础设施包括动态和可变的生命系统，并且还有很多需要学习的东西。

政策转变已经够困难的了，而且是在跌跌撞撞中推进的，并非一帆风顺。设计创新的吸引力可能并不足以促使开发商走向绿色，政策必须不断发展和适应，同时对该方法效益进行宣教和循证。

其中一些政策必须侧重于资金以及公共工程的规划设计阶段。地方政府的资本化政策可能存在融资障碍。例如，直到20世纪90年代末，波特兰的某个重要项目中，种植的树木由于不能被认定为永久资产而无法获得资本资助。从那时起，资产的定义就扩展到包括植物在内，只要它属于公共财产或拥有长期地役权。

在市政工程中，设计阶段的工作范围和备选方案之间的比较分析，是决定是否采用景观雨洪管理方法，以及判断它们与传统方法发挥作用差异的主要因素。一些城市将受到资金来源的限制，比如政府不能直接将雨水排放费用于人行道或树木的改造。因此，找到绿色基础设施和这类工程的联系及其科学依据，就显得格外重要。

随着适应气候变化和解决城市当务之急的需求变得日益迫切，提高建成环境韧性的绿色方法将更具价值。考虑其他效益在内时，景观雨洪管理方法毋庸置疑胜过传统方式，因此寻找这些收益价值的研究数据，将有助于在备选方案分析中更加定量、平等地进行比选。但如果在没有经济价值指标的情况下，定义衡量标准和不同方法之间的定性比较有助于建立优势。

在《美国河流2012》的报告中，一篇标题为“绿色银行：了解绿色基础设施如何为市政当局节省资金，并为整个社区提供经济效益”的文章报道了人们的态度正在发生转变：“今天，一种新的范式正在兴起，社区开始将雨水用作资源，认识到利用场地中的降雨提升绿色空间品质、降低城市温度和补充地下水供应的价值。”

见证转变

创新的结果时好时坏，而政策已经调整到位。在西雅图和波特兰，绿色方法或多或少已经被立法并规范化。像费城这样的城市，则是在前人的经验上进行重建并改进。被这些成功所吸引，其他面临更复杂气候环境和问题的城市开始采用适合自身的绿色方法。尽管现状和目标在发生变化，但挑战依然存在：需要推动新想法、收集绩效数据、学习、适应以“进一步发展”。

了解并借鉴那些正在实施绿色措施的城市的经验，有助于外行人更快了解景观雨洪管理的益处，但政府通常不会要求私人项目实施绿色解决方案。相反，他们必须在获得政府批准后才能进行雨水管理。灰色或绿色基础设施的抉择（或特殊情况下两者的组合）取决于项目业主、开发商或更有可能是设计顾问。这可能会导致为了实现方案而采取不必要的过高代价的尝试，从而错过了采用更好更便宜的解决方案的机会。然而，更多的设计师看到了这个机会，通过了解当地的指导方针和政策，来为他们的客户提供更出色的服务。

设计师通过重视细节来将风险最小化，对于任何设计建设项目来说都是如此，但绿色基础设施可能会引发一些不同于灰色设施项目的特殊问题。一个典型的例子是波特兰的拉蒙娜公寓，港口土地开发商埃德·麦克纳马拉提出要建设一座占据整个街区的带地下停车场的“绿色”公寓楼。为了满足城市雨水管理规定，他的设计师在地下室选择了一个滞留水箱和过滤装置，尽管该城市的雨水手册指导设计师优先考虑植物的方式而不是机械系统，但最终该市批准了这种非植物的方法。

拉蒙娜公寓利用生态屋顶和庭院种植池管理雨洪的同时也满足了开发商对屋顶光伏板的放置需求

除了 2973m^2 的生态屋顶，拉蒙娜公寓还保留了一些传统的屋顶空间。建筑墙角的小种植池也可以吸收径流，低矮的栅栏起到防止宠物和主人进入的作用

拉蒙娜公寓屋顶的太阳能热水板为景天科植物提供了遮阳

然后，政府人员找到开发商，建议他们将方案变更为在庭院中使用带回流式种植池的绿色屋顶。这带来了三个主要问题：首先，绿色屋顶将比舍弃的机械方法花费更多的钱。其次，屋顶已安装了光伏板和热水板，生态屋顶和植被还有放置的空间吗？最后，如何将种植池安装在使用混凝土板的庭院中？

通过运用一点创造力，所有这些问题都得到了成功解决。当时，该市为生态屋顶提供了每平方英尺 5 美元的扶持资金。开发商决定接受这一方案，光伏板和热水板与生态屋顶同时被安装在了屋顶上。

在下一章中，我们将探讨绿色基础设施的组成部分，包括重新思考如何用受大自然启发的方法来管理径流及其所需的工具和考虑因素。另外我们还将讨论那些参与此类项目建设的参与者以及他们的观点对设计和实施所带来的影响。

这个停车场改造项目在建筑庭院和停车场里分别设计了一个雨水花园。这仅仅是将雨水从波特兰不堪重负的合流制排水系统中分流出去，并减轻建筑地下排水管道负荷的大动作中的一部分

第 4 章

景观雨洪管理方法：利用水、土壤和植被的精细化城市设计

本章主要介绍景观雨洪管理设计过程中的几个基本方面，例如项目设计概念与想法的生成，以及将水流引导到植物和土壤中的措施。理解这些，将为高效、有效和经济的景观雨洪管理提供基础。

将场地设计看作是一个能够在不同气候条件、人类活动、城市特征和地形环境中有效整合水资源的系统，并且还可通过有目的地将水、土壤和植被整合到该场地内，从而实现雨水径流可测量、有效用的管理。

场地将雨水拦截并捕获，雨水会蒸发或渗入土壤，然后被植物吸收、贮存或蒸发，同时也导致雨水或径流中的污染物被捕获并滞留。因此，这些功能组合成的系统实现了水在绿地空间内部及周边的差异化分布、消减及过滤。

植物的种植方法允许径流蔓延，从而使污染物分散在绿地中而不是集中于一处，反过来该方法还带来了新的好处：植被和土壤促成了新的栖息地，抵消了城市热岛效应，过滤了污染物等等。

其次，不透水表面的阴影可以最大限度地减少或消除城市空气和水体温度的增加，并且生态屋顶的存在使得大部分降水在温暖的季节和月份中得以保留。因此，考虑到该方法对雨水和径流产生的积极影响，其优势变得更加明显。

雨洪：是什么以及如何运动的？

早在我们开始依赖管道系统运输雨水之前，地表传输是人们普遍选择的方式。即使在今天，传统的排水系统与技术也应该学会如何将雨水送到指定地点并发挥作用，而景观雨洪管理（LSM）的主要方法则是偏向于如何将雨和水融入景观使之成为其中一部分。

LSM 中的雨水传输正是基于这样的模式，即可以设计出许多表面以促进水能够按导向移动。这样做可以减少甚至消除对传统管道及配套附件的需求，从而达到降低经济和环境成本的目的。

当降水以径流的形式运动时就成为雨洪。雨水径流的质量和流量可以随其流经地表的特征出现明显变化，暴雨的强度及持续时间，甚至最初的降水水质也会对其产生影响。通常来说，那些穿过使用不透水砖的城市环境的雨水，会积聚破坏性力量以及大量的垃圾和污染物。

城市建成环境中充斥着潜在的污染区域，特别是那些主要交通道路，大量使用的停车场，工业场所以及规定使用杀虫剂的区域。另外，一些土壤和植被区域也可能是其主要贡献者，这是由于化学处理和硬质铺装表面仅能吸收少量雨水导致的。同样，一些建筑材料也是污染源，例如铜或镀锌排水沟、扶手、装饰材料等是最直接的重金属污染来源，甚至有时会以极高的浓度渗入径流，而流过这些空间的径流会变得更加难以管理，所幸绿色方法可以更有效地解决这种污染问题。

即使没有造成下水道溢流，城市径流也经常携带大量的悬浮固体（来自空气和工业污染、腐烂物、道路和其他源头的非溶解颗粒）。虽然其细菌水平通常比污水低几个数量级，但雨水携带病原体的水平仍然远高于人类接触的安全水平。当这些径流进入海洋、湖泊和河流等可供休闲娱乐的水域时，可能会对公众健康造成危害。

与此同时，雨水中的磷和氮等营养物质可能会引发藻类大量繁殖，危害或杀死鱼类种群，污染食物和饮用水，使人群患病等，从而导致水质恶化和下游栖息地的破坏（美国环境保护局，2015 年）。

管理径流质量的一个常见考虑因素是降雨初期营养物质生成的浓度和含量。在第一次雨水冲刷过程中，暴雨活动初期的污染物浓度将高于冲刷之后的浓度，这种现象在旱季过后尤为明显，因为旱季时污染物会在地面上大量积聚。

一项关于 1994 年美国西部波特兰市雨水历史事件的研究结果，与通过分析一系列小型暴风雨得出的第一次冲刷理论相吻合。然而，研究中的一场反常的大风暴揭示了一些不同的东西：第二次冲刷后的污染物浓度高于第一次，特别是那

虽然这个标志提醒着海滩上的人们，在此玩耍可能接触到被污染的水。但在没有警示牌的地方，人们仍可以看到小孩在小河里玩飞盘

些对鱼类来说毒性更大的可溶性污染物。这场风暴有两次高潮或能量爆发，这一点表明较高浓度的污染物也可能与风暴强度和能量有关。不幸的是，该项目已停止研究工作，而暴雨水质指南是根据当时盛行的传统智慧来编制的。

首次冲刷现象只是众多径流问题中的一个实例，这些问题的解决只能借助于额外的研究和监测，而这将帮助我们更好地理解及模拟灰色和绿色雨水基础设施如何从不同数量和频率的暴雨天气中捕获污染物。

气候变化

在向绿色基础设施转型时，雨水会以更加凸显的方式反映该地区的气候条件。考虑到全球季节性降雨变化：巴黎平均每个月降雨量为 5cm，相对稳定；深圳冬季为 3.8cm，夏季为 31cm，而春季和秋季为过渡期；像西南部菲尼克斯这样的沙漠城市平时几乎没有雨，除了在 7 月或 8 月猛地倾泻 7.6cm 降水，而向西 483km 的半干旱城市洛杉矶从 12 月到 3 月也会受到大雨的影响。

成功的雨水设计要考虑到该地区气候的细微差别——温度、湿度、降雨模式和季节性、盛行风以及风暴轨迹。例如夏季降雨会导致植物生长活跃，而干燥的夏季条件可能导致春季和秋季植物更快地生长。虽然这些问题是景观设计师的常识，但严格意义上来说，雨洪景观并非“自然的”。如果将其布置在具有良好渗透性的空间中，那么耐旱植物就可以在潮湿的绿地中具有良好表现。同样，雨洪植草沟中的植物可能比坡地上的植物体验到更显著的土壤水分差异。

由于植被现在被当作积极的基础设施，因此在确定能够有效管理雨水及径流的绿地规模及外形时必须考虑这些额外的变化。

坡度、重力及标高

成功的景观雨洪管理不仅是避免使用地下管

道或不透水沟渠这么简单，而是认可绿地的内在能力，以产生更大效益的方式来移动和管理雨水。因此，设计应最大限度地利用绿地进行水的输送和滞蓄。

场地规划应从绿地的最高点开始一直到最低点。而那些选择从场地底部开始设计的设计师，因为过分专注于通过放置一个设施在某处来管理上游所有水，因而具有更大风险。所以，从高到低的这种方法会帮助那些更复杂的、“用力过度”的景观设施能够适用于大部分场地的最大水流量。

相反，应当寻找从源头上管理雨水的方法，减缓和减少其流量，使其沿着由重力吸引下的路径蒸发、渗透、过滤和灌溉。另外，场地底部的雨水池或大型机械设备应作为其最后的处理手段，而不是最终的解决方案。

场地中的制高点可能是坡地，也可能是屋顶。设计人员应当从顶部开始进行设计，并将景观置于雨水中，这种方法迫使他们在雨水转变为需要装置输送的径流之前找到收集雨水的方法。例如，植被覆盖的屋顶拦截了场地顶部的雨水，另外，当不具备建造生态屋顶的条件的时候，与建筑物相邻的雨水花园可以成为捕获屋顶径流的绝佳方式。

随着雨水从场地高处往下运动，设计目标变为尽可能快地捕获径流并将其引导至斜坡中间的

一旦下雨，许多城市的地表会迅速变成沥青湿地。照片中的排水口已经被堵塞得几乎看不见了，径流直接穿过人行道流到街上

绿地区域。在场地斜坡的不同位置寻找或创造中小型的植被空间，可以最大限度地减少甚至消除场地最低点对大面积雨水吸收区域的需求。

这些小空间同样也是在平坦的场地上实现景观雨洪管理的有效方法。通过引导雨水在植被表面上均匀流动，可以分散和过滤各种污染物，同时还有助于防止排水设施堵塞。

引导雨水径流在绿地中四处流动可以缓解各种大小的风暴的影响。径流能够增加土壤的水分，而不仅仅是指望靠降雨来获得水分。这种额外的水源能够有助于更多种类植物的生长，于是减少甚至消除了植物对日常灌溉的需求。如果该场地确实受到了过量灌溉，有坡向的绿地将更好地管理灌溉径流以及减少“城市污水”的影响。要记住，在某些情况下，某些地区的过度渗透可能会导致局部或区域出现地下水方面的问题。

另一个需要注意的问题是，当水通过重力作用向下运动时，它会携带沉积物、树叶、垃圾以及其他能携带的物体。因此，设计师尝试创造一种“自我冲刷”式的设计，以利用其动力来移动

这是得克萨斯州奥斯汀附近的一个典型的集雨池塘。住宅和街道上的雨水一般通过管道排放到这里。如果每一户家庭和街道都开始采用雨水花园、生态屋顶、多孔路面和其他 LSM 方法，那对这类池塘的需求就会减少甚至消失

沉积物。这样做可以最大限度地减少临界点沉积物的堆积，避免堵塞。

当水流经场地时，减缓水的流动会增加沉积物沉积，一旦在关键的位置发生堆积将会截断水流并引起系统堵塞和景观设施故障，例如径流因堵塞问题而无法进入雨水口。因此，设计师利用水流的动力将雨水进行引导从而进入绿地空间中。

直接流入设计场地的径流会携带许多碎屑，但一般不会这样设计。因此需要注意的是，径流通过侧面进入，或由于不受重力作用而转向等情况将更加容易发生，会堵塞甚至无法通过排水口。

设计不透水表面的斜坡是为了将水直接导入至绿地中。垂直的坡通常效果最好；在复杂的斜坡上流动增加了水离开预定路线的可能性。考虑采用导流的方法来减缓和重新定向流过路面的径流。由岩石、沥青、混凝土甚至厚漆构成的活动护堤可以强制引导横坡水流穿过不透水表面。类似地，在混凝土、嵌入物或轻轨轨道上刻好的凹槽也将有效地控制低到中等的水流量。

多孔的（或透水的）路面允许雨水穿过坚硬，稳固的地表层并进入下面的基层，使其能够渗透到土壤中。这些路面所采用的材料最好仅用于过滤雨水或是积聚极少量径流。另外，设计方案应避免将水流直接从不透水路面上引导到多孔路面上，这会引起过度堵塞，并且还应尽量减少从渗透型的绿地表面到多孔路面的径流。

有效的多孔材料包括多孔沥青或混凝土、天然石材、混凝土铺路石、砖、钢、铝，甚至木材。雨水可以通过材料本身或材料之间专门留出的缝隙进行过滤，例如设计有缝隙的铺路石。一些专业人士发现，当设计方案仅用于雨水管理目的时，所产生的与修复相关的额外维护成本使得多孔路面的应用变得不太理想。

大小，外观及形式

你需要空间来做什么？你需要多大的空间？把握绿地尺寸的关键在于如何安排和塑造可用的景观空间以及如何创造或形成新的空间。在项目场地设计中无论是主导还是协助工作，景观设计师都有责任使种植空间最大化、同时创造雨水管理的机会。运用该方法的区域越多，雨水管理就越综合、越协调。

只要你可以，就尽可能多地使用绿地。如果一个城市的最低设计标准需要一块 3m×12m 的雨水管理区域，但场地内部有一块 3m×30m 的绿地，建议你将它全部利用起来。这样可以使得降雨后的绿地水面更浅，更不明显。

一些实践者认为，太浅的绿地会存在运行与维护的问题，因为维护人员并不认为这是一个有效的雨洪管理方法。但根据我的经验，这种情况很少发生，但它却是一个值得研究的问题。在这里，宣传教育是关键，设计师应该带头筹备运行和维护计划，并与运维人员以及城市督导进行一对一的沟通。

项目设计，特别是在城市地区，在地产项目

一个新西兰的停车场进行了雨水花园改造。请注意绿地的深度较浅，在这种情况下，雨水花园适合放置在场地标高最低的地方——这种附属设施的位置有时仅有唯一选择

划分土地时很少会优先考虑绿地空间。建筑物、道路和停车场等功能在与景观美化和公园等功能竞争时，前者通常会被首先考虑（甚至一直到项目的最后阶段）。绿色基础设施（LSM）的成功实施需要设计者在剩余空间或新建空间中挖掘效益并提供兼顾两类需求的服务。

那么多大的空间才够呢？通常情况下，以大多数气候情况而言，边长为 2.5cm 的绿地可承载持续一小时倾盆大雨带来的雨水容量，只要该径流积水可以在 48 小时或更短时间内通过渗透进行储存或缓慢地排放。根据 40 年的经验、文献研究和猜想，我得出了 1 英寸 / 每小时的雨水管理尺寸标准。巧合的是，丹尼尔·罗尔和伊丽莎白·法斯曼·贝克在《整合城市水系统的活性屋顶》中，也提出了 25mm 降雨容量的标准。

尽管植被区域的面积大小很重要，但其外观和形式在转移径流中也起着重要作用。由于水会黏附在一些表面上，在某些条件下，它甚至可以在混凝土或土壤的侧面进行流动。当表面和水之间的黏附张力被另一种力（如重力）打断时，水在下落过程中可能会黏附在表面上。想想液体是如何沿着水罐的侧面流下来的。类似地，当水从屋顶排水口的边缘流到下面的绿地时，可能需要

这个加利福尼亚州停车场的更新项目包括几个为减少污染物排放至马里布泻湖而设计的植物景观区域。一个回车场被改造成雨水花园以接收周边人行道的径流。请注意浅层绿地的深度和没有路缘的设计

一个锋利的边缘以破坏其黏附力，例如排水口背面上的斜角。

街道上的径流将附着在混凝土路缘上，除非路缘达到一定的曲率或半径。径流可能会在重力或张力的作用下继续沿着最大吸引力路径进行运动，不可避免的是，这些方向中总有一个是不符合设计目的的，这意味着需要设计师密切关注其表面光滑度，垂直和水平表面的曲率以及所使用的材料。路缘光滑的表面限制了雨水传输沿途沉积物的堆积。另外，沥青和混凝土等材料的过渡也会在表面产生小的凹陷或其他变化，从而改变径流的方向。

在绿色基础设施领域，很难不遇到街道和停车限制的问题。从雨水管理的设计角度来看，最好的路缘是没有路缘。当需要采用路缘时，请首先考虑采用较低轮廓的，例如欧洲使用的 10cm 高的路缘石。美国的停车位通常使用 15cm 高的路缘石或限位器，这不仅需要更多的材料，并且还可能对轮廓较低汽车的前保险杠或车架造成损坏。

路缘石通过削平的设计让雨水流入到绿地当中。切口越多越好，其宽度通常为 61cm 或更宽。

与排水设计相关的基本问题是：如果其发生

在传统的街道改造完成后，这栋建筑又出现了排水问题。对高程的错误计算可能导致在尝试解决现有问题时又冒出来新问题。无论是绿色还是灰色基础设施，排水设计方面都要求精确性

故障，雨水又该如何管理呢？在雨水排放至一个不会对整个环境造成破坏或危险的地方之前，还需要额外对其进行设计。当然，还必须有人确保设计是正确的。

在波特兰的一个案例中，现有的一个十字路口存在排水问题，通过修建新的排水口，铺路工程和人行道工程进行升级改造。施工结束后，一场剧烈的春季暴雨造成了新的双排水口堵塞，雨水淹没了整个十字路口。雨水没有绕过排水口入口顺流而下，而是继续上涨直到漫过人行道，然后冲向当地一家商铺的门口。

到底哪里出了问题？新的街道路面标高和路缘高度已经升高到足以防止水沿着路缘朝街道上流动。而实际情况是，水竟越过路缘流到了人行道上。如果其排水设计方案是正确的，那么施工就是问题所在。如果是设计方案错了，那就不能怪施工了，即使设计只是存在一些瑕疵。但要是由于施工不当，那么就是工程验收环节忽略了这个重要的问题。

对于一个新项目来说，出现一个以前没发生过的问题是十分不幸的，但这是常见的情况。在城市排水方面，设计、施工和验收是关键所在，就好比保护财产的一条紧急逃生路线。

当设计师选择复制照搬标准而非原创设计时，

就可能会出现雨水疏导问题和其他的城市设计问题。当然，问题的发生可能还有很多其他的原因。设计和施工的细节必须符合“水的特性”，否则绿地系统将需要大笔的花费来维持运行，不然就将彻底报废。因此，关注物体表面及材料的问题可以实现你在设计中对雨水动态的设想。

土壤

啊，不起眼的土壤啊。业主很少会去深究土壤的构成。然而，植物的生长依赖于土壤湿度、结构、化学性质、生物组成、温度等等。要使绿色基础设施正常运行，“绿色”必须存在，尽管它并不总是在视觉上保持绿色。

全世界各种各样的气候、地质和植被，使得我们无法具体了解有哪些土壤或植物是最适合某个特定项目的。但是，我们可以尝试运用一些基本原则来解决这个问题——比如，可以使用多种类型的土壤来实现景观雨洪管理。其实，最好的办法总是选用那些能够良好应对气候及用地情况的土壤和植被，同时保护水和劳动力等资源，并降低对持续运行和维护的需要。

该领域目前的趋势是采用工程或生物滞留媒介来进行雨洪管理，特别是类似生态屋顶的方式。混合土壤材料或其他混合材料在质量上可能会有很大差异，正如任何一个敢于走进行业展会或展览大厅的人所知道的那样，你会有多种多样的选择。最终，工程介质的选择原则应该是耐用和便宜的。如果可以选择，首先选择排水良好的天然土壤，然后选择排水良好的进口土壤或工程土壤。请记住，即使是相对不受干扰的天然土壤也可能含有天然的高水平污染物，如磷和铜。因此，检测天然土壤的质量也应该包括在场地评估工作中。

虽然渗透是管理雨水最简单的方法，但它不适用于屋顶、黏土、建筑地基旁边或许多受污染的地点。尽管生态屋顶不具有渗透功能，但仍然可以很好地减少雨水容量和滞留问题。在土壤渗透性较差的绿地系统中仍然可以对雨水进行管理，但治理焦点应该转移到在这种条件下完全可以接受的流量控制和水质调节上。

设计师和相关法规往往会试图采用在贫瘠土壤中开挖深岩洞的形式强制减少雨水容积，结果通常导致系统成本过高。如果自然条件不允许其渗透，那为什么要以更高的代价强行创造非自然条件呢？我们应该保持简单的形式，遵循自然的导向，同时最大限度地利用绿地空间。

在那些土壤相对不透水的地方，如致密的黏土、岩石和坚硬的土壤，通常具有积水且渗透能力几乎为零的特征。因此，这些场地需要流通设计，可能更具可行性的做法是移走一些土壤，用更好的土壤或工程培养基质取而代之。无论哪种情况下，绿地尤其是大量种植树木的绿地容易发生降雨和径流的衰减现象。

另一个极端情况是场地过度渗透，在这种情况下，可能需要增加一些不透水性土壤以降低渗透率。过度渗透的土壤环境不适宜于植物的生长，特别是在较干燥的气候条件下这一现象更明显。

这是瑞典奥古斯滕堡住区整体改造项目的一个局部，下水道问题一直困扰着该地区。在这里，雨水汇集形成水景并最终被排走

除非提高灌溉频率，否则植物没有足够的水分存活。如果可以，最好采用有机物质来调节土壤结构。

有的行政区需要进行大量测试以确定土壤的渗透率，在美国以英寸/每小时的单位来表示。一个几乎任何人都能做的简单测试是：挖一个15cm深，直径为31cm的洞。此时为了避免影响洞底情况，所以用水来填充这个洞，并测量其深度和水完全充满所需的时间。然后，采用同样的方式再次填充并再次渗透（选择其他几个相对不受干扰的位置并采用此方法对它们进行测试以进一步验证结果）。等过几天后再次返回该洞并进行二次测试。这种方法将帮助你对场地渗透率有所了解，尽管某些场地的土壤以及现状条件下无法采用这种简单的测试方法。

受到施工或其他压实作用影响的土壤可能需要几个月才能恢复正常。在这段时间内，渗透率经常急剧下降，导致暂时排水不畅。天气也会影响土壤，这取决于降雨模式和干旱期的长短。有些土壤可能压得太紧，需要开犁才能得到适当的改善。在一些极端条件下，可能需要彻底去除部分土壤。

城市设施，例如屋顶上的空调所产生的冷凝水，也可以通过不断淹没部分绿地来影响土壤渗透表现。所以应当特别注意此类型破坏的入侵并尽可能多地分流这些水。

有的市政部门规定了景观雨洪管理所需的土壤或种植介质。有些还可能要求必须采用穿孔管道和砾石进行地下排水。在没有特殊要求的情况下，要记住流经的绿地必须提供足够的渗透，以防止产生过多的死水。它们还可能需要 1%—2% 的坡度，以确保水不会越积越多。排水良好的土壤在平地甚至洼地上都有良好表现。

位于瑞典马尔默的奥古斯滕堡建设项目将所有下水道组合在一起，利用雨水花园、多孔铺装和大量生态屋顶等绿色措施让整个区域都转换为地表雨水传输。马尔默开创了挖出地下管道并转向地面输送的做法。虽然雨水花园通常在 24 小时内才会完全渗透雨水，甚至有时候需要几天时间。

受污染的场地

受污染的场地可能是景观雨洪管理中最具挑战性的部分。如果场地中出现污染问题，许多专业人员通常会停止 LSM 方法的运用。这一般会导致两种结果：要么投入高额的费用和高质量的项目管理，在绿色基础设施下方安装不透水的垫层；要么完全忘记绿色基础设施并重新采用灰色基础设施，这同样需要相当高的投入。

然而，通过设计团队的创新性思考，可能会有其他的解决办法。例如在波特兰，一块著名的棕地被提议用作高密度的开发计划，要求建造一座带有户外广场和数层停车库的多层写字楼。基于此，工程师们决定，因为该场地受到污染，唯一可行的绿色方法就是在场地内采用植物种植池的方式，将过量的雨水引入污染区域地下的钻井中。

设计团队的一名成员建议，既然在开挖建筑地基时要将不稳定污染物去除，那么何不将场地所有污染物都清除呢？事实上，场地中 80%的区域都需要为新的建设被开挖。也可以更进一步，把剩余的 20%一并清理将更有利于整个场地的净化。这样一来，这个地方就可以从州政府的棕地名单上被移除，免除被持续监测和监督，并摆脱相关的污名。

果然，开发商同意了该提案。该场地最终使用绿色基础设施来渗透雨水，因为它比灰色设施更便宜、更具吸引力。从这个案例中我们学会了大胆质疑那些产生严重后果的现实，并从现状条件下想办法修复我们的建成环境，这需要我们运用新的思路——无论是使用植物来替代传统管道还是采用其他新方法。此外，如果不能经济有效地去除场地内污染，那么流经种植池和生态屋顶的雨水将在很大程度上被阻断和滞留。

波特兰的这个南部海滨开发项目使之前被污染的场地恢复了生机，在高密度的住宅和商业空间中打造了所有城区中密度最高的生态屋顶、雨水花园和屋顶花园

植被与植物

在景观雨洪管理中，植物被认为是不可控的元素。建筑师、工程师和城市管理人员在城市环境中对植被宣战，无情地铲除了在指定范围之外冒出来的一枝一芽：混凝土花盆，密密麻麻的树木格栅和公园长椅下面长势不良的草坪。尽管做了这么多努力，植被依然蔓延、根系仍旧刺穿，城市中那些精细化设计的硬质景观还是未能幸免。

这是一个奇怪的现象：人们很少关注混凝土或沥青面层，但当这些不透水表面被铲除并且转而种植植物的时候，每个人都会对如何看待和管理该区域产生自己的想法。通常情况下，这种方式能创造一个整洁无杂草的外观环境，并通过定时割草、除草、浇水、施加肥料和除草剂的方式进行维护。

绿色基础设施可以进行规则式的设计，满足功能同时符合简洁的视觉审美需求。同时，重要的是要让人们知道维护这种绿色外观所需的投入不高，以及这样做并不会影响景观管理雨洪的能力。

采用规则式还是不规则式设计的问题最好在设计层面进行解决：要求什么样的运行和维护（O&M）级别？在这样的维护水平下，10 年和 20 年后的植被会是什么样子？业主想要在运行维护上花多少钱？很多设计师从未对景观状况和维护工作进行过类似的思考和预估。注重成本的业主应该偏向于那些不规则式的、更自然化的景观设计，尽管经验丰富的设计师可以创建出一个相对规则的，O&M 最小化的设计。

自然化的种植包括乡土草本和野花，灌木和树木。这些植物在生长到最终尺寸时形成自然景观，所需要的检测和维护是最少的，因为不规则种植设计允许各种配置方式。

在沙漠或半干旱地区，自然景观利用石头、岩石和木头来避免密集的种植。虽然根据具体材料的选择，这些景观的建造成本会有所不同。但一旦建成，一定程度上就不需要太多的运行和维护了。并且使用非植物材料的景观仍然能够对雨水径流起到减缓、扩散、渗透和蒸发的作用。

如果自然种植中选择的灌木或乔木需要修剪，那么它可能是不适合该场地的原生植物。除非设计师希望额外增加人工成本去修剪和照料这些植物，但这种方式就与规则式种植并无两样了。

生态屋顶的种植可以采取一系列方式来完成，例如采用预先准备好的垫子或类似草皮的卷材、提前播种的种植盘，或是土壤散布的裸土系统，然后通过种播、插苗、盆播的方式进行种植。这些方法的组合运用已然成为另一种充满可能性的方法。

随着绿色屋顶行业的逐步发展，学术界、私营企业和公共部门不断探索着不同地区的最佳选择，包括与许多欧洲城市气候条件相似的美国东部城市。在美国西部炎热干燥的环境中，则需要将注意力放在如何解决炎热、干燥和水资源稀缺的严酷现实问题上。

建设和维护缺乏灌溉条件的植物屋面仍然是一个重要的研究领域，该方法的实践已经领先于理论。尽管埃德和露西·斯诺德格拉斯在 2006 年出版的《绿色屋顶手册——设计、安装及维护指南》、奈杰尔·邓尼特和诺埃尔·金斯伯里写于 2008 年的《屋顶绿化与垂直绿化》都是很好的资源，但迄今为止，还没有一本全面的最佳土壤和植物手册可以适用于众多的全球气候变化。确定植被的种植数量应该从项目情况类似的成功案例中借鉴经验，比如雨水花园、绿色屋顶、植草沟等。虽然我们有大量关于植物如何在受限的景观和自然环境中发挥作用的数据记录，但这些数据并不能成为绿色基础设施运转可行的有效证明。例如在波特兰，种植在雨水花园中的一株矮生品

悬挂的链条提醒着学生不要踏入这座中学雨水花园的景观区域。尽管这些植被是有韧性的，但过多人群进入可能会损害其雨水渗透能力。自 2006 年完工以来，该景观始终维持着相对不受干扰的状态

剑桥市麻省理工学院里的一个雨水花园

种阿拉斯加柳（*Salix alaxensis*）在很短的时间内长到了预期成熟尺寸的两倍之大。

与规模较大的绿地相比，植物屋顶同样会形成小气候，其体量较小但作用范围基本相同。而且，屋顶的某些部分甚至比其他区域拥有更多的阴影覆盖或排水面积。风速变化会影响雨水蒸发速率并引发植物缺水问题。另外，风也是生态屋顶稳定性的影响因素之一。

毋庸置疑，植被是景观雨洪管理中的重要组成部分，也是不同于灰色基础设施的一个特征。调整不合理的植物比更换尺寸不当的管道或水箱来得更容易、更实惠。尽管如此，我们也期待着为世界各地的每一种景观雨洪管理方法提供地区植物应用指南。

艺术与美学

在设计和建造的所有领域中，美学和功能之间总存在着某种矛盾。优秀的设计师通常会找到一种方式将两者融合成一个既美观又实用的项目。设计与城市规范之间的挑战不太容易应对：开发商是否希望通过设计来打破市政厅的相关要求？如果顺应根深蒂固的观念和常规做法呢？

愿意对这些挑战做出肯定回答的人仍然太少，但承担这份风险的结果可能是引人注目的，并且兼具实用性和装饰性的。因为长期以来，雨水设施在景观设计中如同化粪池，是角落里被围起来的简陋的池塘。

如果俄勒冈州波特兰市这所新学校的设计师选择了生态屋顶、多样化雨水花园和多孔路面的处理方式，也许这个池塘就会被缩减面积甚至彻底去除。前任市长卡茨会认为这些设计师响应了她1999 年提出的倡导吗?

批判性设计是将创新性方法与平庸、过度规范和程式化解决方案区分开来的一个新方向。斯图尔特·埃克尔斯和伊丽莎·佩尼帕克提出了“巧妙的雨水设计”这一专业术语，作为景观雨洪管理方法的宣言，让我们对径流充满了想象。优美的场地不仅能传达景观和环保设计的价值，同时也宣告着雨水是人类宝贵的资源。

景观雨洪管理所面临的挑战在于几乎没有规定的实施方法。政府部门对其结果的关注远大于应用过程，但这并不意味着“效用”等同于“功利”。正如前波特兰市长维拉卡茨在 1999 年发表的声明中说的:“我们即将出台相关的雨洪管理法规，但我不想看到任何丑陋的池塘。”

按规模进行设计

奥斯卡·纽曼在“可防御空间”的概念中提出：城市空间的设计就是为了鼓励或创造某种个性和主体意识。这种主体意识可以吸引人们去自发地使用和管理该空间。相比于较大面积的、单独设置的、封闭的绿地设施，O&M 整合了小型雨水空间的美观性、规模和可达性，使得这些景观能受到居民和社区的维护和监管。即使是非专业的志愿者组织也可以较好地掌握场地运行状况，更容易被识别其安全和性能问题。

2013 年，波特兰里德学院新表演艺术中心建造的雨水花园与场地和建筑设计融为一体。深度较浅的绿地就无需安装铁链栅栏了

这是佛罗里达大学盖恩斯维尔分校的新雨水花园。水从建筑物的落水管中流出，沿人行道下方的沟渠流动，最后排入堆放了岩石的排水口，这些石头也起到了控制上游水流的围堰的作用

在费城大学，一个大型雨水花园通过地下管道吸收径流。在这种度下，景观的深浅不像在小型雨水花园中的影响那么大

在这个设计中，雨水花园位于建筑左侧的景观区域。混凝土矮墙的轮廓使其能更好地与建筑融为一体。图片右侧是建筑生态屋顶的一个局部，这样有助于减少雨水花园所需的空间

景观设计师和土建工程师

不幸的是，波特兰市长卡茨和其他高层人员在颁布并实施法规前就会看到大量丑陋的池塘。即使在今天的波特兰，某些情况下诸如此类的池塘仍在建造中。该市环境管理局负责下水道管道系统设计的工程师如今也希望能够参与到地面的场地设计工作中去。回过头看就知道这是不可避免的：试问下水道系统工程师如何在一夜之间就学会景观设计？他们没有受过足够的训练来考虑水如何满足城市景观的功能和更大的作用。平心而论，许多专业出身的景观设计师也都不具备这

样的能力。

阿肯色大学社区设计中心 2010 年出版的一份城市设计手册中对“硬景工程”与“软景工程”进行了区分。与“硬景工程”简单地“将污染转移到另一个地方”相比，“软景工程”的特点是“更新利用场地——公园（或绿地）里的污染物，而不是使劲埋设管道”。这种柔性的、可再生的开发方式将工程与建筑、设计、生态系统服务、水文等结合了起来。

种植池就是这种可再生开发方式的一个例子，其目的是用于管理城市环境中的雨水和径流。我们首先于 1997 年在美国开展了一些实践，尽管其他设计师在更早的时候就开始试验了。自 1999 年在波特兰市首次获得批准以来，种植池的概念就像野生植物一样蔓延开来。2016 年，仅波特兰就有超过两千个项目应用了该方法。

然而，实施不一定等同于成功——至少从设计的角度来看是这样的。整洁的、可预知的、营养丰富的种植池之所以成为指定的解决方案，因为它们完全脱离了专业手册的程式化法则，从而显现出易于理解的、有指向性和规则化的特征。一些工程师总是强迫建筑师和景观设计师将种植池放置在场地内地势较低的地方，但他们并未考虑过在面对特定项目时是否有其他选择？作为整体战略的一部分，一些不那么程式化的方法是否能解决问题并且花费更低？接受这一想法的前提还需要工程师具有灵活性，以及采纳意见和适应挑战的意愿。关于这一点，建筑师和景观设计师也不一定能做到。

景观雨洪管理背后的理念是利用多个场地空间进行雨水收集和管理，而不仅仅是从手册中随意挑选一个地点和解决方案然后抄下来。有导向性的设计消除了对雨水 BMPs（最佳管理实践）的需求，该术语指的是对过滤池、集水池、池塘和多种类型的机械系统等雨水基础设施的良好应用。虽然有一些 BMPs 可以作为一个综合的、可持续的雨水管理系统的一部分，但它的实施通常反映了“小零件心态”：为了图方便而忽视了机遇。位于场地底部的雨水花园并不比管道末端的旧池塘好多少。

诚然，我们现在看到了各行各业的变化。一些学校的学术训练变得更加跨学科融合，建筑师、景观设计师和工程师就共同的问题展开合作。专业课程也发生了转变，绿色方法和低影响开发（LID）的概念悄然进入更新后的教科书版本（请注意：LID 中有一些优秀的规划概念在本书中没有提到，我认为 LSM 是 LID 和绿色基础设施的主干）。

2008 年美国国家研究委员会关于暴雨的一份分析报告将部分问题归咎于工程课程将重点放在暴雨的防洪而非水质上造成的遗留问题。该报告用了个比喻说道：标志性的洛杉矶河“一年中大部分时间就像一条空无一人的高速公路一样”。该雨水管理系统理论上可以管理任何程度的径流，但一项研究发现，洛杉矶流域每年 80%的金属污染都来源于日常的暴雨径流。这正是景观设计师和景观雨洪管理可以介入和解决的问题。毫无疑问，除了来自其他学科的贡献以外，这还需要 LSM 工程学的专业知识。

沿公寓建筑外立面布置的种植池最初仅用于植物种植。2000 年，通过设计调整将雨水引入种植池中，这是波特兰对渗透概念进行的首次大规模试验

弹性带来效益最大化

雨洪管理系统的最佳设计方法就是用灵活的视角来管理雨水问题。景观设计应该随着时间的推移而调整，而不仅是以做出一个能经得起时间考验的项目为目标。通常，我们认为设计方案必须完美无缺才足以应对未来几百年遇到的任何挑战，如果我们能在项目启动之初就做到这一点，那么这是非常理想的情况。但从目前大规模拆除灰色基础设施和大力建设绿色基础新设施的现实情况来看，该领域还有很多问题仍待解决。事实上，雨洪管理型景观设计并非完美，从路缘宽度到植物种类的选择，实际应用中还需要在许多既定的规范上进行改进。

弹性的好处可以通过一个采用了可调节水堰的实际案例来进行验证。该项目位于多雨的太平洋西北部一个商业建筑工地上，场地内致密的黏土导致人们认为土壤几乎不能下渗雨水。正如我们所预期的那样，尽管项目起初是这样的状况，但随着时间的推移，土壤进行了自我修复，植物也蓬勃生长，渗水量也大幅增加，于是设计师将水堰升高了 7.6cm 以提高该系统捕获雨水径流的能力。然而在同一个场地中，一个不可调节的水堰被设置得过高，导致径流在暴雨期间回流到停车场。因此，具体的解决方案必须像在土壤中生长的植物一样随四季变化，而不是始终保持在一个固定模式上。

很多城市的市政部门和学术界都围绕绿色基础设施问题开展了大量的研究，与传统的雨水管理相比，新研究可能会对实施过程进行更多的监测。然而，这些动态变化的绿色系统留下了足够多的灰色区域，以至于有些人开始怀念只需要用一根简单的管道就能把水排到下水道的日子。庆幸的是，越来越多地方的人开始意识到：最好的投资是能够带来多重收益的，比如与绿色基础设施相关的投资。

在确定具体的实施方案之前，规划师和设计师应该考虑包括气候和风暴类型、土壤类型、植物以及社会和技术变量在内的一系列影响因素。持续监测和实践试验将继续为用景观方法而非传统的管道式方法来管理雨水提供可靠的数据信息。要实现这一目标需要来自总体规划和政策的支持——以及甘愿冒险来促成这项改革的人。

了解了上面描述的机遇和挑战之后，实际的工作就变成了简单（并且有趣）的部分。本书的其余篇章将更加详细地介绍在地面和空中进行雨水管理的具体方法，从而实现对雨水和自然资源的回收。

第二部分
景观雨洪
管理

老师和孩子们在雨中走过这种路面雨水传输设施。水通过铺设在混凝土人行道低洼处的砖石从一个种植池流到另一个。这样的设计符合 2005 年《美国残疾人法案》的规定

引言　利用植被管理雨洪的方法

景观雨洪管理（LSM）包括拦截雨水、下渗、减缓和过滤径流，促进雨水蒸发、收集以重新作为灌溉用水或其他用途，以及注重洪水和应急溢流的处理。

LSM 的优点在于它的建造成本更低，能激活未被充分利用的空间，即使不比传统方法更好也可以持平的雨水管理效果。同时该管理还有一些附加效益，包括减弱城市热岛效应，冷却河水，补给地下水，保护生物多样性及其栖息地，缓冲噪声，增加基础设施耐久性，降低总成本，同时还可以展现景观设计的纯粹之美。

将雨水管理与建筑和景观成功结合意味着视角和方法的调整，我们需要去理解雨洪管理在整个场地设计中的本质。利用表面和可用空间进行雨水管理要求我们摆脱常规的做法和固有的观念，例如利用屋顶和墙面创造吸收水的植物空间，引入雨水进行被动灌溉。

在本书的第二部分中，我将说明如何使这种转变发生，包括从土壤结构到城市景观各方面的设计应对。

运用 LSM 方法所生成的空间形态可能与依照绿色评价或认证系统所认可的机械化方法所呈现的不同。LSM 注重运用植物方法，通过模仿自然和自然过程来管理地表的自然和人工环境，从而突破我们对城市发展限制的认识。正是敢于“假如”与提出“何不”带来了新的设计方法和更好的设计效果。

那些采用成功的 LSM 设计的场地，相比遵循设计手册标准或相关规定方法而设计出来的场地，更能体现当地的气候和其他环境条件。就像位于亚利桑那州菲尼克斯的一个案例与位于英国伦敦的另一个案例，它们看似相像但实际上完全不同。两个场地都依托于地表径流的概念和流动机理，而不是通过渗透来管理径流，该做法可能

通过切断汽车之间的人行道，降低种植区标高，利用现状的坡度将水引到绿地中，停车场完成了改造。在绿地中增加了很多树木和铺装以便人们可以在汽车间通行

出于以下截然不同的原因：第一个案例可能受到紧实且不透水的黏土影响，而第二个案例可能是处于受到污染的环境，因此场地里存在为保护地下水而设置的下渗限制。

LSM 始终注重植被覆盖和多孔表面的最大化。在这个过程中，它主要采用本土树种去创造新的植物空间。同时利用土壤和植被代替不透水表面，或是用树冠、藤蔓和其他植物去覆盖这些表面。这种方式最大限度地减少了灌溉，取而代之的是依靠来自地表径流的水、节水技术以及适合场地的植物。并且，它避免使用管道、暗槽、地下混凝土或塑料系统来进行雨洪管理。总之，LSM 寻求在人类建设中模拟未开发前的自然环境性能和物理条件。

场地评估

那么，我们如何运用 LSM 去设计场地以及解决场地开发的其他相关问题并凸显场地特征呢？我们如何在实践中去回应伊恩·麦克哈格在《设计结合自然》一书中提出的设计哲学，以及去实现他倡导的理解场地特质并将自然过程应用于设计？他在得克萨斯州休斯敦郊外的伍德兰兹社区规划中的开创性工作是 LSM 最早的案例。然而，随后的发展又回归到管道和当时的传统方式。麦克哈格的自然主义设计如果没有他或其他人从他的新视角看问题的能力，是无法复制的。

我们首先需要评估场地现状条件，牢记场地设计的概念以及思考如何将水流与场地进行整合。在绘制屋顶或雨水花园草图之前，设计师还需要调查地形、土壤成分、地质技术以及其他条件，例如拟定的布局以及标高。大多数设计评价标准，包括美国的 LEED 和 SITES 等，都为场地评估和其他可持续实践提供了规定性步骤，鼓励大家考虑使用这些程序。

几乎所有开发或改造项目都有几个基本步骤，但不一定是按以下顺序进行。比如某人有了一个想法，无论是开发项目还是市政项目，接下来会在脑海中建立场地，并找到专业人士来帮助完成项目的落地。早期的概念是根据场地水文环境下的已知条件去准备和评估。此时应考虑采用 LSM 方法，如何将它们从概念上应用于设计中。在落实想法和概念阶段之前，必须进行场地现状评估。越早评估，设计概念的落地就越契合。运用场地评估，设计团队或人员使用 LSM 及其他场地特征的方法准备初步设计。同时这个阶段应该开始考虑设计施工和维护要求了。

随着项目设计的推进，还需要考虑如果所有管理系统都出现故障，场地水流的最终流向。如果发生异常风暴，入口堵塞或其他暂时性故障，它将采取什么样的路径？同时，在可行的情况下，城市径流的疏导应可用作灌溉，并且能够稀释和分散污染物和碎屑而不是浓缩沉积物。

在进行改造的条件下，设计人员还必须评估现状布局中的无效场地设计。未充分利用的空间，例如设计欠佳的停车场，可以进行重新组织和改造，以管理新建绿地内的雨水径流，或者至少整体上减少不透水区域。

植物及灌溉

对于选择将水转移到地面上并使用植被的设计，则还需要考虑一些额外的因素，这要求那些具有景观背景的人参与其中因为他们对于这类工作会更加熟悉。

与地下管道不同，雨洪管理中的植被覆盖还需要设计师特别注意场地的太阳辐射情况。场地方位及朝向会影响植物种植和雨洪管理绩效。比如沿着朝北的墙壁摆放的导流式花盆会被阴影覆盖，这可能导致喜欢阳光充足的植物出现损害或死亡现象。

因此设计师需要在选择植物时考虑日照条件。例如，在大多数地区，本地蕨类植物和其他喜阴植物将是该地方的最佳选择，并且它们在建设完成后不需要灌溉。如果进行灌溉的话，请注意过量的水会损害植物和造成雨洪管理性能的降低。

设计师也应该预见到随着树木和景观的成熟，植物可能需要随时间进行更新替换。那么自愿承担这个工作对于设计师应该不是问题，但他们依然需要深刻意识到这一点。确保运行和维护计划的顺利进行还包括对这些正在成长进步的景观人员的指导和培训，需要他们随时做好去适应各项工作的准备。

另一个值得反复强调的重点是：不要灌溉有植物的降水区域，用雨水与径流来浸润土壤和灌溉绿地。在运行与维护以功能和安全性为指导的前提下，让绿地更加贴近自然。但是我们如今怎么就到了需要对每一处城市绿地进行灌溉的地步呢？

通常以为是美学思想导致了灌溉需求的出现，而非设计结合自然的愿景。这是景观与园艺行业必须解决的事。我们对灌溉的依赖也许要经过数十年才会有所改变。

这意味着，如果需要灌溉，无论是雨水花园或包括种植屋顶在内的LSM，你需要考虑以下几个因素。首先，注意植物的栽培。尽量在大自然能发挥最大作用的季节进行栽种。例如，在美国西部，雨季开始的秋冬季就是理想的时间。但当时间上不允许时，那就需要明智地使用灌溉系统。

事先决定水的用量与灌溉频率。大于一周一次的灌溉频率对于可持续的景观来说是过多了。确定下一个灌溉时间表，并在运维公司安装好控制器后对其进行检查。维护人员通常会过度灌溉，这对多数植物的生长不利。

测量径流。安装流量计以监测水的用量。流量计能够提供使用数据，表明灌溉设备是否提供了所需的水量，并根据情况进行调整。

排查渗漏。在灌溉系统开始工作前检查流量计，通过观察在上次灌溉后是否有水流出现来进行排查。在两周或以上灌溉一次的绿地中，如果植物长的过绿且周边长满杂草，说明渗漏了。

不要浪费。即使是用回收再利用的水灌溉也不应该过度，除非需要通过绿地来处理这些水。

最后，要知道，无需灌溉或可持续的绿地可能不一定符合一些地产、园区或校园的美观要求。因此，当水的来源有限时，我们需要让那些人不要执着于繁茂的自然景象与翠绿草坪的童话。南加州已经采取新的措施以保障强制限水令的执行。洛杉矶已发布了严格的规章以净化空气，也许应该采取同样的措施来节约用水。

管理技巧

读者会发现在后续章节中按类别讨论的方法，这些方法乍看起来似乎并不熟悉：例如集雨型绿地、不透水表面的植物层、拆除改造不透水表面。但我们的目的是关注使用这些方法带来的结果，而不是具体的实施类型，以及每一种方式中对水的拦截、运输、蒸发、转移、滞留和渗透的不同管理方式。

集雨型绿地（见第 5 章）包括雨水花园和生态植草沟、透水种植池等地表的种植方法。雨水花园主要指的是地表各种管理雨水的景观。这一章还包括雨水的收集与灌溉。

不透水表面的植物层（见第 6 章）包括生态或绿色屋顶、屋顶花园、生态墙、雨水墙与种植池、树木以及其他的植物或绿地形成的不透水表面的绿化层。树木几乎可以应用于所有的设计，但是它们与水的关系使其成为一种需要慎重考虑的复杂工具。

移除并改造不透水表面指的是透水却无需植物覆盖的方式，比如说透水的铺装。其他的方法还包括滞留降水而非径流的种植区，以及河流“亮化”：将埋藏的水体挖开或恢复至地表。

这三章阐述了许多将景观作为自然系统来管理雨洪与径流的方法。

这是备受赞誉的俄勒冈州波特兰市的第一处改造项目，建于 2003 年，这是 2015 年的样子

第 5 章

集雨型绿地

集雨型绿地指场地中通过特殊设计以收集地表径流的植被区域，也包括由闲置场地重塑改造而来的空间。雨水花园和雨洪种植池是其主要形式。

集雨型绿地在雨洪管理方面的实际效果是显而易见的。景观雨洪管理（LSM）尤其注重在城市环境下通过营建植物性空间进行雨水和地表径流的吸纳收集，其核心就在于打造集雨型绿地区域以将径流引向绿地。

集雨型绿地通过将场地的径流收集并引导至那些设计得便于水流涌入的特定区域，为雨水提供持续有效的溢流途径同时降低维护。此类绿地有利于大量雨水下渗，快速排走溢流提高安全性。而在难以下渗的区域，依旧可以通过对土壤和植物的设计到达缓冲洪峰的目的，从而控制并过滤地表径流。即使是黏土，也可以实现地表水的下渗，尤其是在植物成熟期。

集雨型绿地的重点在于通过场地设计使雨水成为城市环境的有机构成。在过去二十多年间，人们一直使用低影响开发（Low Impact Development，LID）的相关术语与概念来描述场地上的景观空间和区域，并不断延伸学科边界。在本书中，这些术语则用以特指集雨型景观中利用雨水的结构单元。一些对雨水处理沟略知一二的人可能认为，场地设计中狭长的线性绿地与其并无二致，但其实这类绿地设计在坡度、种植等方面都有自身的技术规范。

本章内容将帮助读者理解这些绿地特征如何适应场地设计。设计形式变化多样，我们按建成环境的类别来举例说明，以便根据读者们的兴趣来阐明设计特征。

雨洪管理的方法

在景观雨洪管理中，首要考虑的是可利用的空间而非现有的技术或者工具。比起煞费苦心将雨水花园或植草沟塞进设计中，如何高效利用现有空间以及拓展附加空间来管理场地上的雨水，才是更为核心的命题。

我们首先考虑改造建筑的屋脊、屋顶这些雨水最初接触的表面与空间，接着对雨水流经场地进入蓄水池或排水点的过程进行规划设计。其中应当密切关注坡度、竖向以及不透水表面的标高以确保径流可以顺利地流向绿地。即使是不透水表面，也可以在雨水进入绿地前起到短暂的存储作用。

过往很多设计师总是囿于反复使用几种极为有限的设计手法，或者受到一些非雨洪管理专业人士的错误指导。不过幸运的是，越来越多的设计师正在接受景观雨洪管理的理念，并取得了不菲的成就——不少形式、尺度各异的出色案例示范了如何将景观场地与建筑环境进行一体化设计。

戴德里克街

在田纳西州纳什维尔市中心可以见到绿地与城市环境结合的其中一种方式。戴德里克街一端是县政府大楼和市政广场，另一边则是田纳西州议会大厦和立法广场。它们之间曾是一个根据交通模式的变迁而重建的城市街区。

城市将这一区域作为首个绿色街区的典范进行了再开发，使用各种绿色基础设施实践（GIP-green infrastructure practices）的技术手段，包括雨水花园、雨洪种植池、可下渗人行道、凸起的植物分隔带，并且栽植了用以扩充土壤渗水容积的 100 多棵新树。该项目于 2009 年竣工，长度超过 305m，其间包含一块 30m 长的公共事业用地。涉及的设计内容还包括介绍如何用渗透和行通树进行雨洪管理的信息亭。

田纳西州纳什维尔戴德里克街沿街的集雨型绿地。包括了中央的雨水收集区、滤水种植池和大量乔木绿化以截留雨水并缓解城市热岛效应

伊曼纽尔医院园区

在波特兰的伊曼纽尔医院园区的建设过程中，我们可以看到诸多通过景观设计实现雨洪管理的例子，其中就包括 2009 年新建的停车库、2012 年的儿童医院以及其他建筑改造项目。这些项目运用了一系列设计策略以适应不同情境，充分展

戴德里克街人行道的树池略微下沉以收纳步道上的雨水

戴德里克街上的集雨种植池：钢制栅栏可以将垃圾阻挡在外，但需要密切关注防止堵塞。注意这个洒水喷头：为什么一个月降水量达到 7.6–13cm 的城市还需要安装灌溉系统呢？

示了景观创造的可能性。

第一个案例利用街道的林荫带营造了植草沟景观（详见本页照片）：人行道向低洼处倾斜，产生坡面径流，值得注意的是，设计师并没有在人行道和绿地之间设置障碍（在其他例子中也会看到）。

人行道另一侧则是一块将步道与停车场分隔开来的草地（见下页照片）：该停车场在改造前就已存在，而且即使这家医院在未来需要扩建，它依然有充足的空间容纳径流——考虑到美国医院的持续发展，这确实有可能。

第二种排水方法则是让道路两侧的人行道缓慢向街道中央的绿地倾斜（见本页照片）。径流在沿路缘切口进入绿地之前流经多孔的铺路石以削

街道径流通过路缘切口进入这片浅层绿地，而人行道直接将雨水引导到植物中

俄勒冈州波特兰通向伊曼纽尔医院的街道被拓宽，在新建的下凹绿地和既有停车场间设置了新的人行道

分车带是一条浅沟型集雨绿地，用了大量切削路缘

溢流式花池：因为街道上的雨水从人行道下方流过，因此花池的种植表面比其他地方更深，但又并未达到需要防护栅栏的程度

减水量。

第三种方法则有别于传统策略，设计师在沿着停车场和通往医院的步道处打造集雨绿地，引导雨水从车库顶排放到下方的低洼绿地。

在医院园区的另一处地方，溢流式花池与停车场相接（见上图），但却接收着左边街道的径流，雨水从人行道下面流入花池中。

雨水花园和雨洪种植池

雨水花园和雨洪种植池是滞留雨水和雨洪径流的景观绿地。这些绿地通常很浅且底部平坦，深 7.6-31cm。二者之间的区别在于其斜侧面或垂直结构面的围护措施不同。这两种绿地都易于建造，成本也较低。

雨水花园和种植池系统的三种类型包括渗透型，半渗透型和溢流型，具体形式根据土壤类型、空间富余以及溢流管理方法等现场具体条件来确定。所有绿地必须具有安全且可操作的紧急溢流措施，其成功发挥作用的关键在于使雨水均匀分散，尤其针对那些最为频繁的、日降雨量 1 英寸以下的小型降雨。

无论是渗透型还是半渗透型绿地都能滞留雨水。而一些土壤不透水的雨水花园，例如植草沟

位于盖恩斯维尔的佛罗里达大学新楼的雨水花园：径流排放到地表沟渠，并通过接触面积两倍于水平表面的堰坝流入绿地

或溢流型种植池，雨水则会缓慢流过。事实上几乎所有雨洪管理绿地都是某种形式的雨水花园：例如植草沟可以看作长而窄的雨水花园，或者雨水花园就是一片是长而窄的植草沟。这些概念是可以彼此转化的，这也是为什么我更倾向于将全面的现场评估和设计当作雨洪管理的关键内容。

渗透型绿地适用于土壤渗透率良好并且需要渗透的地方，可以容纳大量的暴雨径流。它们没有人工的底界面，使得水可以渗透到天然的地下层。我们在俄勒冈州波特兰市进行的持续监测表明渗透型绿地在雨洪管理中的滞留、滞缓和降低污染方面非常有效。

半渗透型绿地允许进行小型到中型降雨的下

在波特兰的里德学院，雨水花园接受来自停车场和新表演艺术中心屋顶的径流，它们通过管道进入花园，因此比这块雨水花园那些只需处理地表径流的花园要更深

一系列不锈钢的径流分散装置将水分配到雨水种植池中

卡尔加里的雨水花园通过地形塑造承接来自道路的径流。该设计将人行道和草地上的水引入花园

渗，但若是土壤的渗透率有限，或是已经处于饱和状态，过剩的雨水就会从其表面流过，只能应对小规模的降雨。这些绿地的底界面也是非人工的，借助溢流通道、管道或其他方式来容纳尚未渗透的水。半渗透型绿地主要起到部分保存、滞留径流以及减少污染的作用。

溢流型绿地需要人为调控的雨洪管理系统，它们并不允许水渗透到下面的基层中，而是通过引导使雨水和径流排入植物空间，渗透至土壤中，并从底部或侧面排出。这些种植池用于不需要或只需要适量透水的地方，例如棕地、黏土或不稳定的土壤、斜坡、建筑物等，有时也被用在屋面上以管理更高处的屋面排水。溢流型绿地能够在缓解径流峰值的同时实现一定程度的净化，在其设计过程中需要注意根据土壤条件选用排水材料，以确保它们真正适用于小型降雨。

值得一提的是，溢流型种植池是各种景观雨洪管理策略中在技术层面最为困难的，也是最为笨拙的一种方式。因为它要求土壤必须保持恰当的渗透速度：过慢会导致水长时间静置；而太快了水便无法停留，会迅速从底部流出，使设计失效。

这正是设计中最具挑战性的地方：使水在渗透之前在土壤表面充分蔓延，这也使得输送技术更加关键，特别是对于最为常见的小型降雨。使用单个落水管将雨引向种植池的一个角落是不够的。

俄勒冈州波特兰市一座持续了 21 年的住宅区雨水花园。画面左侧的莎草明确了下渗区域的范围

新建筑则可以选择植被屋面以减少径流。波特兰的监测结果表明，生态屋顶可以使得降雨滞留量超过 50%，而标准的溢流型种植池只能实现 25%。

另一种改善途径是将手动控制阀放置在地下穿孔管上，这将允许使用者根据测量出的速率调节流量以优化绩效，虽然它尚未经过测试，但我们向来勇于实践这些创造性的构想。

住区雨水花园

小型雨水花园可以很容易地在业主或承包商手中实现。

被秋雨淹没的住区雨水花园中的植物

丹麦的一处居住区更新改造：房子最右角处的地面有混凝土沟槽将雨水输送到雨水花园

高密度住区雨水花园

两个雨水花园周围环绕着常绿树篱，收集从庭院和公寓屋顶流下的径流。项目建于 1998 年，照片摄于 2013 年

雨水花园和地面雨水传输被整合在瑞典马尔默的住宅开发项目中，游乐场也是其中一部分

商业和复合功能雨水花园

办公楼屋顶的径流通过管道输送到地下，并借助来自顶部的压力从屋顶排入排水孔，然后逐渐进入植草沟

加拿大温哥华市的不列颠哥伦比亚大学的雨水花园和雨水传输系统

在这个位于俄勒冈州波特兰的建于 2014 年的项目中，两座建筑物之间的雨水花园收集来自屋顶和路面的径流

利用柔和的线型创造低洼的雨水滞留区，收集来自得克萨斯州奥斯汀的剧院屋顶上的径流。项目建于 2014 年，注意照片右侧的大型混凝土溢流结构

雨洪种植池

种植池虽然效率低于绿色屋顶，但通常是改造的最佳选择。

一个无底式混凝土种植池可以收集相邻建筑物和另一侧停车场的径流。水渗入地下，并流进旁边波光粼粼的小溪

在一栋商业建筑内用新种植的莎草和灯心草打造渗透式种植池。注意中心的溢流口和远处的排水孔

同一种植池建成 15 个月后

伦敦的一座建筑物使用了改造后的溢流式种植池。如图所示，溢流通过管道回到原来的落水管中

低于地坪的渗透式种植池和地表的混凝土沟渠可以防止径流侵蚀学校建筑的地基

一个小型的渗透式种植池收集来自联排别墅屋顶的径流

旋转的落水管（右上和左下）将雨水排放到钢制槽中，溢出的雨水则流到下面的溢流式种植池中

利用树木营造的溢流式种植池的综合布置图。这些管道能够收集来自 30 层高层住宅楼顶的径流

人行道引导水流进入得克萨斯州奥斯汀市约翰逊夫人野花中心的绿地。该地块建于 1995 年，大约在东海岸引入“雨水花园”（rain garden）一词的时候

停车场

最简单的景观雨洪管理应用是在停车场，与管道的排水系统设计相比甚至降低了建设成本。这里的几张图片说明了在停车场进行景观雨洪管理实践的潜力。

即使在菲尼克斯这样的沙漠环境中，停车场也可以设计成雨水能够流入的景观，其中的植物能靠灌溉维持生长

笔者第二次采用景观雨洪管理设计的停车场是在 1994 年，地点是 OMSI 隔壁的波特兰社区大学（Portland Community College）。虽然不如 OMSI 的设计那么讲究，但这种设计可以节约更多成本

一个由石头和碎石构成的停车场景观。人们可能会在亚利桑那州的菲尼克斯看到这种方法，但是它始于俄勒冈州的波特兰

加利福尼亚州戴维斯市的酒店停车场。与路面齐平的路沿以及坡度很小的绿地使雨洪管理并没有变得更容易

俄勒冈州波特兰市的一处工业区改造

这是风城芝加哥最早的雨洪管理项目，早于绿色雨洪管理理念的实施

有宽阔路缘的加州戴维斯一个新停车场。雨水经由来自车库屋顶的板材流入绿地

特殊地形和标高的项目

许多公共空间设计以及其他项目都涉及一些特殊或极端的条件，例如地形和标高的变化。在这些情况下，精心规划和创造性思维都很重要。以下是从加利福尼亚到纽约选取的几个颇具特色的例子。

俄勒冈州波特兰市 5 号州际公路，来自自行车和人行天桥的径流用管道输送到露台的种植园，其底部有一个大型雨水花园

加利福尼亚州戴维斯的乡村住宅，草坪通道与室外圆形剧场相结合

加利福尼亚州戴维斯乡村住宅中，地表输送的雨水在通往终点绿地的途中下渗

这个波特兰的雨水花园收集了来自商业街的径流，并与公共广场融为一体

该雨水花园改造项目收集来自这个娱乐中心建筑和人行道的径流。这是复杂的旧金山综合管道系统减排项目中的一部分

在曼哈顿北部的马斯科塔沼泽，有一个巨大的扇形雨水花园，有堰坝来阻挡暴雨的水流，最终将水排放到纽约市哈莱姆河

2013 年冬天，马斯科塔沼泽新建的洼地型雨水花园中的控制堰

一年后，植被覆盖了马斯科塔沼泽的洼地和雨水花园，堰已经几乎看不见了

绿色街道

波特兰的首次绿色街道改造由凯文·罗伯特·佩里于2002年操刀设计，自此该概念便在交通和社区设计中逐渐发展成形。绿色街道的设计可以整合植物配置以及透水铺装、树木、街道限宽等策略。戴德里克街、伊曼纽尔医院等案例都显示，其成功的关键就在于收集径流的绿地绩效。

绿色街道可以管理水源附近的径流。一般来说，街道上的污染物比屋顶上要多，在小暴雨中会形成一种高毒性的混合物。靠近道路的滞留绿地可以限制过高的水量或流速，以及防止较高浓度的污染物排入易受污染的水域。

绿色街道的实际形态取决于许多因素，包括街道宽度、可用停车位、交通量、排水面积、应急车位等。一些绿色街道使用与人行道平行的雨洪种植池或雨水花园，其他一些城市则利用路边扩建来为大型设施争取额外空间，这些设施还可以减弱交通噪声。

透水铺装和树木都会加强雨水在沿景观设施流淌过程中的下渗，这些会在本书的其他地方讨论。

瑞典斯德哥尔摩，种植景天科植物的下沉绿地可以收集该住宅区来自自行车道和人行道的径流

住区绿色街道

丹麦勃朗比的雨洪管理景观在人行道外侧拓展出空间，这种设计策略也出现在欧洲城市许多尺度相似的街道中

路缘空间经重新设计成为台地雨水花园。这条高速公路经过一条易受污染的溪流，那里的水质和污染消减是俄勒冈州波特兰市和州政府法规所希望和要求的

街道径流注入住区雨水花园种植池

西雅图在 21 世纪初开始发展其自然排水系统，这条住宅街道的改造就是首批重大项目之一

正在拆除中的街道。注意观察相对完整的既有路缘

拆除后的简单设计。虽然有一定效果，但为何要移除和替换原来的路缘呢？而且既然路缘被移走了，何不把种植槽扩展到绿地呢？

新西兰奥克兰市一个居民区的斜坡上建了集雨型绿地

在这陡峭的“鱼形梯”上，很多的拦水坝管理着水流。除与新路缘接合处外，现有路缘都被保留下来了

与远处邻近绿地的公交车站整体设计的绿色街道种植池。植物栽植还不到一年。这个设施是如何被设计来增加输水能力和效率的？现有设计还可以有更多改进或调整的空间

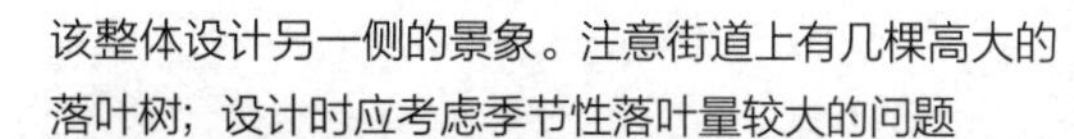

该整体设计另一侧的景象。注意街道上有几棵高大的落叶树；设计时应考虑季节性落叶量较大的问题

采用巨大的混凝土前池处理高泥沙含量的径流。但是它只有在清理干净时才能起到良好的效果

v 字形的水池会在水流进入绿地时积累沉积物。此处的水从街道上流下时，会紧紧地贴在路缘上

在瑞典马尔默的这条街道上正在建设的特色雨水绿地

瑞典马尔默街头绿地的建成效果

艺术化的入口设计为瑞典马尔默的线性绿地增添了视觉趣味

瑞典马尔默雨水花园的端头

商业和复合功能绿色街道

奥克兰市中心的一条街道将人行道上的径流引导到浅层绿地空间中，水在长凳下面流动并进入绿地

加利福尼亚州 5 号州际公路上的几个休息站之一，径流流到围绕现有桉树设计的绿地空间表面，另有涵洞将它们互相连接起来。令人惊讶的是，谷歌地球显示这个装置可以追溯到 1993 年。为什么这种设计花了这么长时间才在其他地方流行起来？

宾夕法尼亚州兰开斯特的格林街改造项目，街对面有小溪边的餐厅

在加利福尼亚州伯林盖姆，人行道和停车场之间的绿地收集径流，而绿色街道绿地接受沿道路而下的径流和停车场溢出的雨水

俄勒冈州波特兰市的人行道，绿地收集沿邻近轻轨轨道和机动车道流入的径流

加利福尼亚州戴维斯市的格林街，丝兰种植在画面前方，灯心草则生长在路缘切口后的绿地中

佛罗里达州中部，这里有路缘和低矮的栏杆。此类景观的设计手法总是异彩纷呈

在费城海军造船厂，雨洪种植池收集街道和人行道上的径流。这也展示了另一种栏杆的设计方式

30 多年来，华盛顿州斯波坎市一直借助绿地来管理雨洪，其中包括草地、雨水下渗设施和洼地

这个费城社区的街道改造在两端都设有警示标志，但没有栏杆

来自街道入口的地下径流进入这些种植池，因为它们比人们想象得更深，栅栏在此处兼具装饰和保护功能。较大的坡度使侧面无法安装路缘石，右侧远处的最后一个种植池使用了切削路缘，这样也就没有设置街道入口的必要了

加州圣安娜新完成的主干道项目，有大量的雨水花园，沿着人行道种植的本地橡树，以及新栽至其间的棕榈树

在美国华盛顿特区的另一个雨洪管理项目，项目设置有小篱笆和双侧路缘。绿色街道的设计更容易与新的建设项目融合

华盛顿特区一条种植植物的新街道，尽管下水口与路缘结合得很好，但如果没有定期的维护，它的钢格栅很容易由于过密而堵塞

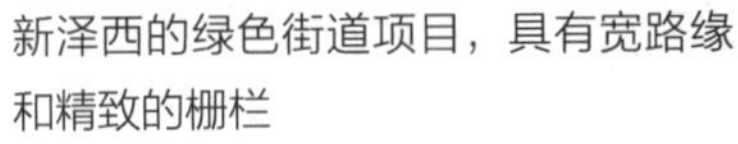

新泽西的绿色街道项目，具有宽路缘和精致的栅栏

位于俄勒冈州格雷沙姆的新高速公路，中间分车带用于雨洪管理

新西兰奥克兰的一处雨洪景观，路缘非常宽。该区域已经部署了许多运用景观雨洪管理设计方法的项目

加州萨克拉门托，与街头艺术相结合的雨洪景观

不同寻常的街道布局可能是雨水花园改造的理想场所，比如俄勒冈州波特兰市在2005年设计建造的这个装置

一个旧的街道模式因为设置一个雨水花园而改变，有几个人正在清除该区域的垃圾

高效的景观雨洪管理设计可以简单到只是街道中间一个收集雨水以及径流的草坪分车带

特赖恩溪水源治理

特赖恩溪水源治理项目综合运用了几个景观雨洪管理方法，其中一个是雨水花园。这个花园是对以前街道环绕的三角形草坪交通岛的改造。

雨水花园于 2008 年夏季完工，由三个圆形单元体组成，周围环绕着 61cm 高的混凝土挡土墙，水从一个单元溢流到下一个，形成曲折的水渠，种植的本土常绿灯心草可以起到减缓径流的作用。花园中的天然黏土渗透性很差，因此圆形单元体都被设计成有植被的溢流系统，甚至可以接受中等到大型降雨的径流。雨水通过溢洪渠离开最后的种植池，然后沿着河岸流到一条新近亮化的小溪中。此外，溢洪渠由植被、卵石和原木加固，还有两个可以进一步渗透的蓄水池平台。

这三个下渗单元体一个接一个地串联起来，最终流入一条亮化后重返地面的小溪（详阅第 7 章）。单元体没有前池，前两个单元大小相似，第三个则较小。为适应倾斜的地形，它们采用了台地式的排列方式，便于获得更大的表面积以吸纳径流。

雨水花园的面积只占到其汇水面积 1.5hm^2 的 1/12。面积虽小，但仍能应对小到中度的降雨，同时为社区提供一个类似公园的环境。事实上，附近的人把它和小溪就称为“公园”。

2008 年春天特赖恩溪上游。在这个项目中，街道被一条小溪（图右为蛇形水道）所取代，杂草丛生的交通岛则改造成了雨水花园。注意图中水流通过系统的路径

地面的混凝土沟渠将来自现有商业区的径流引入雨水花园的第一个单元体

2010 年春天河流源头的雨水花园

2012 年夏末的雨水花园。这种如云似雾的浅褐色植物是地钱属植物

2013 年秋天的雨水花园

2015 年春天的雨水花园。花园在新生的树冠和其他植被的掩映下几乎看不见。即使未经灌溉，植物也已经茁壮生长起来了

雨水花园和小溪的植物群落现在已经逐渐建立起来，无需灌溉就能茁壮成长

允许水从一个雨水花园单元体流向另一个的三座围堰的其中一座。黏土会限制入渗速率，堆叠的岩石则可以上下调整以阻挡水流或及时让其通过，避免积水

雨水收集

在美国，雨水收集通常是指从传统屋顶和植被屋顶收集雨水用于灌溉、室内冲厕或者在某些地区过滤达到饮用水标准。当然，雨水收集也有助于雨洪管理。

收集雨水有两种方法：被动式（无能耗的）和机械式（有能耗的）。被动式的雨水收集本质上就是景观雨洪管理。不透水的场地表面经设计后可以将雨水径流送入绿地实现下渗，并且比起仅接受雨水的传统方式，更有助于使水分渗透到土壤深处，该过程中并不消耗能量。从本质上说，所有集水区域都在以这种方式“收获”雨水。

机械雨水收集方式则通过收集径流，使它们通过管道输送到储水罐或蓄水池，然后经过滤被泵入加压的管道系统中使用。这个系统需要电力以及人工运行和维护（O&M）。虽然有非加压机械系统的存在，但其应用并不广泛。因此，花费大量成本使用机械系统来收集雨水是否值得呢？

俄勒冈州波特兰市的坦纳斯普林斯公园（Tanner Springs Park）同时运用了两种雨水

俄勒冈州波特兰市的坦纳斯普林斯公园结合了机械和被动两种收集雨水的方式

收集方法。公园场地被用作集雨区，未渗透的水进入人工湿地，然后被泵回公园的高地地区，在那里经绿地的过滤后再回到湿地。公园的高地部分用饮用水灌溉；湿地和池塘区则不是。遇到大型风暴时，过量降雨则会涌入波特兰的雨水管道系统。

机械系统会带来许多被动系统没有的问题与挑战，例如运行和维护（O&M）过程将涉及电气、管道和机械设备。对非饮用径流的利用还涉及政策和公平问题，人们对这些问题虽然并非束手无策，但目前的这套系统无法解决这一难题。

许多人都理所应当地认为雨水收集很有意义，当然在许多情况下，这确实是一个恰当的假设。在澳大利亚和新西兰的部分地区，其主要供水都来自收集的雨水。然而，人们在水费账单上的节余甚至可能不足以维系用以收集、过滤、存储水的一整套系统。而且建筑物仍然必须和市政供水系统相联系（如果有的话），以满足饮用水需求和水量的季节性变化。此外，如果需要获得当地管理机构批准建立“雨水系统”，还可能有相关的费用产生。

考虑更深层面的因素，甚至城市的水费支付制度也并未与雨水收集相适应。大多数城市都是基于用户总用水量来推测下水道的使用情况。那么，谁来为没有出现在水表上的污水买单呢？这就会进一步引发与社会公平性相关的问题。

还有更多的问题：初始情况下（人类定居之前）有多少雨水会停留在这里？降雨对敏感水体有影响吗？这些水体需要一定量的雨水来保持健康状态吗？这里的健康状态包括水生生物和供人类使用或消费的清洁水。

水资源权利和义务可能使一些问题复杂化，同时也会创造新的问题。因此在开始计划之前，设计团队应考虑并了解当地对于水资源的权利和义务制度。

虽然有些人可能认为这些问题不应该妨碍任何人收集部分或所有降雨，但有些行政区认为这种降雨是下游水权的一部分。简而言之，雨水收集涉及的因素很多，其复杂程度远不止将落水管接到桶里这么简单。

随着气候变化持续改变降水周期，以及一些地区正面临的前所未有的水资源短缺困境，我们可能会开始看到城市转向对水资源更积极的回收和再利用，其中就包括降雨和径流。澳大利亚水资源部门的报告就引用了这种观点的转变：2012 年只有 44% 的人认为城市雨水可以饮用；在 2014 年，这一数字跃升至 79%。

而在美国，许多城市最大的问题是对水资源的浪费，如过度灌溉、城市景观溢流以及景观在节约用水方面设计不当等现象比比皆是。尽管加州正在雨洪管理上不断取得进展，南加州仍旧随处可见各种浪费水资源的行径。再想想困扰整个国家的灌溉问题，例如我们的示范项目，纳什维尔的戴德里克街仍是用饮用水灌溉的，尽管它所在的城市每年有 119cm 的降雨，而且几乎全年平均分布。

研究——雨水花园有效的实证

波特兰已经监测并收集了许多雨洪景观的数据，并使用这些数据确认判断雨洪管理设施是否有效同时获取改良设计和维护设施的相关信息。我们会在本章中以三个项目为例进行说明。

总的来说，它们的测试结果都令人欣慰：每个雨水花园，即使是在密实土壤中的，都能够实现大多数小型降雨的雨水下渗，显著降低峰值流量，拦截大部分污染物。长期监测也会为我们在未来的设计提供更加开阔的思路。

土壤样品显示，污染物集中在前池或入水口区域前段，而其余花园的土壤（主体部分）几乎是干净的，污染物水平与原始条件相似。在这些被测试的土壤中，污染物的捕获量没有超过相对于环境保护署标准的人类安全接触水平。

格伦科小学雨水花园

格伦科小学雨水花园最初建于 2003 年，位于学校用房和废弃的通道之间的空地上。它被设计为一个溢流系统，以帮助减轻下水道系统被堵塞的压力。该系统收集处理来自两条住区街道、人行道和一个停车场的径流。

格伦科小学雨水花园每年下渗情况 **表 1**

年份	年降水量（英寸）	径流总量（立方英尺）	滞留率（%）
2004	24.5	3740	95%
2005	39.5	14000	88%
2006	47.3	27100	80%
2007	37.0	12600	88%
2008	30.2	9800	89%
2009	34.9	11100	89%
2010	53.5	20500	87%
2011	44.5	23800	81%
2012	58.0	31800	81%

数据来源:《City of Portland 2013》，第 70 页。

现场的初始渗透试验显示土壤条件非常糟糕。因此，设计的主要方向是减缓水速，并尽量增加下渗率。之后的测试显示改造后土壤和植被的渗透能力超过每小时 2.5cm。

自 2004 年以来，研究人员对这个花园的监测工作一直在进行，检测结果显示，在几次大降雨期间，它都成功地实现了雨洪疏导。然而尽管它吸收了很高比例的雨水——在 2012 年的雨季，它渗透了 147cm 雨水中的 81%，但是 2004 年以来，雨洪管理绩效却在逐渐下降（表 1）。

研究人员推测的花园绩效下降原因是，占花园面积近 30% 的过大前池收集了大部分小型降雨的沉积物，导致径流在花园主体部分分布不均（表 2）。

格伦科小学雨水花园土壤污染物分布 **表 2**

污染物	雨水花园部分	2004 年的状况（mg/kg）	2008 年的状况（mg/kg）	2012 年的状况（mg/kg）	初始状况（mg/kg）
铜	前池	16.5	21.8	49.2	27.2
	主体	18.0	17.1	23.4	
铅	前池	13.7	20.8	54.9	41.7
	主体	16.7	18.2	20.4	
汞	前池	0.023	0.045	0.081	0.058
	主体	0.034	0.035	0.042	
锌	前池	83.6	121	268	113
	主体	103	102	110	
苯并（a）芘	前池	无	0.015	0.046	0.020
	主体	无	0.010	0.020	

数据来源:《City of Portland 2013》，第 72-73 页。

这凸显了沉积物带来的挑战。虽然大部分污染物都被泥沙冲走了，但残留沉淀依旧不免堵塞入口，使雨洪设施变得毫无意义或者失去效果。如前文所述，排水设计成功的关键是让水顺利进入绿地或传统排水系统。

随着时间的推移，这些沉积物还会降低土壤渗透率，阻碍植物生长。此外前池会提高各种污染元素的浓度，加剧这一影响。事实上，任何时候减缓径流的设计都会导致沉淀。

2013 年格伦科小学雨水花园前池的一些植物和土壤被替换了，因为功能减弱的趋势不会随时间推移好转。但应该指出的是，改造后雨水的渗透率达不到之前那么高。这里的要点就转向尽可能扩大管理雨水的空间，把水散开，也就不必设置前池了。

值得注意的是，即使格伦科的污染物水平增高，也并不说明它是不安全的。波特兰自 1996 年以来一直在许多设施中进行土壤试验。没有任何污染物的浓度超过了环境保护署关于儿童安全接触的指导方针所规定的标准，当然这不包括尚未发现的潜在泄漏或污染物。景观雨洪管理方法的另一个好处是，随着时间的推移，许多污染物会在阳光或者土壤环境中分解，降低其浓度。

特赖恩溪雨水花园

该市监测的另一个雨水花园是特赖恩溪开发区的雨水花园。雨水花园的首次绩效测试在

2015 年冬末的格伦科小学雨水花园。在拍摄这张照片的两年前，一些植物和土壤从前池（种植深绿色植物的区域）被移走，然后重新种上了其他的植物

2009年冬末（2月）进行，实验使用消防栓和流量控制仪表进行降雨模拟。尽管经过一年半的时间土质依旧黏稠而且植被尚未成熟，但在流入的88470L水中，还是有72%被蓄存下来。此外，该设施在5天前刚刚吸收了近2.5cm的降雨。

监测进一步证实了雨水花园（植物集水）景观在雨水渗透和过滤上的显著效果，甚至在黏土中也是如此。当然许多类型的黏土或其他土壤的具体状况可能各有不同，因而我们仍需要审视既有观念，了解这些植物系统所发挥的作用。总之，监测的研究范围仍有扩大的必要。

波特兰环境服务局的工作人员使用消防栓来模拟特赖恩溪雨水花园的暴雨水流。这测试了雨水花园的保水能力。水流会穿过深色的植被，在较强的降雨中淹没浅色的区域

波特兰环境服务局的植草沟实验

从 1998 年到 2000 年，波特兰环境服务局（BES）进行了一项研究，旨在确定植物选择、受干扰土壤和环境稳态对生物多样性的影响（这些沼泽是半渗透式雨水景观）。该实验首次尝试记录这些类型的设计变量，并研究它们对减缓径流和消除城市环境中各种污染物的作用。在此实验之前，几乎没有人相信植草沟能对雨洪管理起到作用。

在研究中，两个大小、形状和土壤类型相同的植草沟并排建造。东侧种的是本地植物，西侧种的是草坪草。实验允许原生植被自然生长，同时定期修剪草坪。

为了测试植草沟的作用，径流的绝大部分被从雨水池中抽入测试场地，而雨水池的径流原本来自 20ha 的复合功能区。之后研究人员安装了流量计以测量植草沟两端的径流出入点。对于测试期间发生的暴雨，环保局的工作人员每 30 分钟取样一次污染物浓度，然后结合起来进行综合分析。该研究提供了一些有关植草沟效率的重要数据以及与植物类型相关的变量。值得注意的是，在华盛顿州和佛罗里达州已经对植草沟进行了测

这种景观洼地为工业场地提供过滤和有害物质净化。近处是波特兰环境服务局用于测试雨水种植池的监测设备；种植池在画面左侧之外

试，但没有进行并排的场地对照实验。

最后的结果也在预料之中：两次植草沟都减弱了径流，草坪植草沟滞留了43%的径流，而天然植被的植草沟滞留了62%。在6次降雨中，前者平均滞留了27%，后者则滞留了42%（表3）。

在之后的分析中，该项目的研究人员假设，这种差异是由于本土植物植草沟中更强大的根系和更多的有机物质。这将有助于在减缓水的流速同时提高吸收率和渗透率。

关于泵入的注意事项：由于泵的工作速度是相同的，所以对于所有的降雨来说，水的流速是

植草沟流量衰减

表3

降雨时间	植草沟（植物）	流入体积（加仑）	流出体积（加仑）	吸收率（%）
1999-02-16	本土植物	414	272	37%
	草坪草	429	333	22%
1999-04-19	本土植物	113*	74	35%
	草坪草	121*	94	22%
1999-10-25	本土植物	510	196	62%
	草坪草	474	269	43%
2000-02-22	本土植物	785	492	37%
	草坪草	746	443	26%
2000-03-27	本土植物	411	243	41%
	草坪草	368	299	19%
2000-06-10	本土植物	285	172	40%
	草坪草	312	229	27%

* 估计值

数据来源:《Liptan and Murase（2002版）》，第6页。

污染物的植被管理 **表 4**

	东植草沟 / 本土植物（污染物消除比）	西植草沟 / 草坪（污染物消除比）
	采集参数	
pH（土壤）	3%	4%
溶解氧（土壤）	20%	25%
温度	4%	3%
电导率（土壤）	−13%	−3%
石油和油脂	32%	31%
非极性油和油脂	50%	34%
	复合参数	
总悬浮固体	81%	69%
总溶解固体	28%	18%
总固体	60%	51%
化学需氧量	65%	52%
总凯氏氮（TKN）	54%	40%
总磷含量	50%	38%
O- 磷酸，溶解量	−75%	−45%
硝酸盐氮	16%	8%
硬度	46%	33%
总镉含量	73%	61%
总铜含量	65%	53%
总铅含量	72%	62%
总锌含量	76%	63%
总钙含量	47%	50%
铜溶解量	52%	38%
铅溶解量	53%	36%
锌溶解量	64%	48%

数据来源:《Liptan and Murase（2002 版）》，第 7 页。

相对均匀的；从而水量的差异取决于降雨的持续时间和抽水池塘的可用水量。因此仅仅通过观察数据很难确定为什么不同降雨的滞留率有所区别。此外土壤、季节、温度、降雨强度以及其他许多因素都会影响结果，例如 1999 年 10 月 25 日深秋的雨水滞留率高于 2000 年 2 月 22 日的冬季降雨，但这一次注入的水量明显更多。

这两个植草沟都能够净化雨水中的污染物，但本土植被捕获悬浮固体（TSS）的能力优于草坪草。根据收集到的径流量，天然沼泽地的 TSS 去除率为 81%，草皮为 69%。而唯一的例外是溶解在高浓度有机物中的 O- 磷酸，定期修剪的草皮更具优势。然而总体上原生沼泽确实捕获了更多的磷元素。表 4 列出了污染物的去除率，其中包括铅、锌、铜、氮和城市环境中发现的其他元素。

这项研究的目的是确定与草坪草相比，本地植物是否能有效地减少污染物和径流，最终得出的结论为两者皆有效果且本土植物植草沟更胜一筹。这在 2000 年可谓是一个突破性的成果：绿地系统是实现雨洪管理的有效手段。在过去十年中，波特兰市仍在继续推进对景观雨洪管理（LSM）方法的全面监测，其最新研究成果发表在两年一度的《波特兰雨水监测报告》中。

对成本的考虑

集雨型绿地往往比其他一些绿色基础设施的策略更经济，特别是当设计师依靠设计而非产品购买来解决径流问题时，该类工程每平方英尺的估价从 2 美元到 12 美元不等。

例如前文所述的波特兰“从塔博尔山到河畔”改造项目，包括 54 个雨水花园、8 个种植园以及 520m^2 的透水铺装，平均每平方英尺（0.9m^2）造价为 5.93 美元。该市还对 1.3ha 的不透水地区进行了改造，总费用为 838800 美元，比预估的 925100 美元成本节省了 9%。这些费用甚至包括了许可证费用和市政成本。而且当扣除所有绿色改造新增的 1100 万美元费用后，减少的管道基础设施净节省费用估计为 5700 万美元。还应该指出的是，改造通常比新建项目或者重建项目成本高。

在另一处位于路易斯安那州巴吞鲁日的圣公会高中的例子中，排水系统的落后导致了这片 2ha 的院子面临着严重的洪水。因此改造项目设计了一系列的雨水花园和生物植草沟以应对 2.5cm 左右的小型降雨。最终，通过成本仅 11 万美元的绿色基础设施建设，设计师为该项目削减了 50 万美元的灰色成本，几乎消除了学校的洪水问题。总的来说，“绿色”着实是一种经济高效的设计策略。

场地设计：为景观雨洪管理寻找、创造、营建空间

请记住，即使不考虑雨洪管理，设计也应从

雨水的源头开始，从可利用的典型绿地空间入手。但是哪些空间可以利用？能否设计出让不透水的表面径流排入其中的绿地？能否创造性地使用架空或引导屋顶径流的方法来利用高处的旱地？这些是设计师应该考虑的问题，以便尽可能地在场地设计中应用植物空间。

空间

在设计大多数集雨型绿地时，蓄水深度都应控制在 7.6-31cm 之间。或许设计师会试图将植被覆盖区域做得更深，因为这样貌似会节约空间，实则不然。如果的确空间不足，则可以尝试借用或与其他场地共享不透水表面。

例如许多传统停车场集水区周围的硬质铺装可以临时蓄水。同理，水可以在进入其他绿地前暂时储存在其他不透水的表面。

此时你可能会疑惑：何不通过地下管道将径流输送到绿地中呢？地下管道不能工作吗？答案是否定的，因为排水口深度一般为 61-91cm，而

加州布埃纳公园的停车场。停车场的放坡方向垂直于绿地，在中到大雨时，水可以沿路缘暂时停留并通过切削路缘进入浅层绿地

铺装区积水逐渐渗入绿地。这是一个能实现在不增加绿地深度同时提升储水量又保障安全性的明智之举

绿地深度为 91-123cm。而且施工规范通常要求对管道进行埋深以保护它们免受损坏，尽管这增加了地面的工程量，也就排除了在相对较浅的绿地中使用地下管道的可能性，相反要使用大量地面传输的方法来将水输送到绿地中。

对管道和深层设施的使用会影响绿地的美感与使用的舒适性和安全性。在雨洪管理中，造成深层、丑陋、不安全景观的主要因素是地下管道，设计师试图通过把绿地做得更深来挖掘更多的雨水管理能力。我们需要亮化这些管道，使水从地表流入绿地，为人们提供更好的场所，降低运行和维护难度。

在较浅的深度使用管道的方法有很多，一种是使用更坚固的管道，但有附加成本。从成本和功能的角度来看，最佳策略是在不依赖管道的情况下进行设计。

确定绿地尺寸

首先明确你有多少绿地面积或者需要多少面积与空间。在此过程中，先预设初始蓄水深度为15cm。在绿地设计深度超过23cm之前，优先考虑使用植被和土壤覆盖不透水表面，或改造不透水表面使其能够吸纳径流，也可以将不透水路面作为临时储水区。超过186m^{2}的绿地空间也可以选用31cm的深度，因为有足够大的表面积。当然，也需要考虑水深会随具体的绿地形式产生变化。

在下大暴雨时，径流会灌满、溢出甚至绕过绿地区域，请牢记这些场地是为应对雨水而设计的，所以不需要任何特殊的调节策略，包括设计师常用的31cm防溢板。如果一个区域发生溢流，水只会自然地流向预先设计的下一部分，你只需要明确地知晓这些过量的水会流向何处就够了。

集水型绿地的尺寸指南可以通过一个简单的公式来表达，基础模数是以绿地能够应对每小时2.5cm的暴雨为标准。如果要管理5cm的暴雨，则只需在使用1英寸降雨的系数后将深度加倍。对于小于186m^{2}的空间，应当避免深度超过31cm，此时可以另觅表面不透水的临时储水区，同时运用在第6、7两章中介绍的其他技术。大多数情况下，2.5cm的绿地深度足够应对许多城市的雨洪管理设计的暴雨量。而如果预先确定了用地面积，则可以使用一个基于水深的简单水量模数计算不透水区域的径流，此处的水深即从土壤表面到绿地顶部的空间，也称为蓄水区或蓄水池。

基于水深的尺寸模数　　表5

尺寸模数	水深	
	英寸	cm
1	1	2.5
2	2	5
3	3	7.6
4	4	10
5	5	13
6	6	15
7	7	18
8	8	20
9	9	23
10	10	25
11	11	28
12	12	30

巧合的是，水量模数（1-10 之间的数字）相当于以英寸表示的水深（无论使用的是英制还是公制表面积测量单位）。虽然这个参数无法计算精确的体积，但它确实为设计人员提供了一个相对准确（而且容易得多）的经验法则以进行估算。等式如下:

景观面积（FT^2/M^2）× 水量模数＝
总存储面积（FT^2/M^2）

由于绿地的适宜深度相对较浅，因此在估算时不必考虑绿地边界的倾斜或垂直。当然设计师也可以从完全不透水的集水区域开始估算，以确定雨洪管理所需的绿地大小和深度。其运算方式也只是简单地颠倒了之前的等式，将不透水面积除以水深（相当于以英寸为单位的深度）来估算所需的景观面积:

不透水区域面积（FT^2/M^2）÷ 尺度模数＝
景观区面积（FT^2/M^2）

七号街角的新四季市场

新四季市场（New Seasons Market）于1999 年在波特兰成立，现已成为环保实践的领导者，商店只占据城市中微小的一块空间。它在波特兰东南部的七号街角店（Seven Cornersstore）实现了对现有建筑和停车场的重大改造。商店于 2005 年开业，屋顶面积为 $1022m^2$，另还有 $1858m^2$ 的停车场。

杂货店位于基地上，屋顶径流可以直接到达 $186m^2$ 的绿地空间。它位于从停车场一直向上延伸的高处，可以看作一个 15cm 深（尺度模数＝6），可容纳 11000 平方英尺雨水的不透水屋面。根据公式，我们用 $1022m^2$ 除以尺度模数 6 得到管理径流所需的 $170m^2$ 面积。所以现有的 $186m^2$ 略大于所需的尺寸，足以满足要求。再通过空中排水孔将建筑排水管引导到这些较高的植被区域，水便能够自由落入绿地中。

该场地拥有 $558m^2$ 的植被区域，可以接受来自 20000 平方英尺的停车场的雨水径流。假设场

七号街角的新四季市场通过集雨型绿地对场地进行改造。水从右边的高地流入，屋顶排水口允许径流通过路面下的涵洞，流淌至与之相连的景观植物中

地深 7.6cm，即尺度模数为 3，只能容纳 558m^2 乘以尺度模数 3 等于 1673m^2 的场地径流，无法满足需求。所以我们将深度增加到 10cm，尺寸模数为 4，形成 2230m^2 的绿地空间，方足以管理停车场的径流。又因为该处土壤为黏土，最终该场地被设计成一个具有 3 英寸高、入口堰可调节的溢流系统。

如果项目位于具有特定雨水设计标准的城市，又该怎么确定容量要求呢？可以先假设设计师计算出绿地设施需要具备 28m^3 的蓄水能力，设定初始水深小于 31cm；将深度从英寸（cm）换算到英尺（米），然后将体积除以水深。如果你的设计是 15cm，则将 28m^3 除以 0.15m，从而得出 186m^2 的所需总面积。如果没有充足的可用空间，那么下一步就是应用本章和第 6 章、第 7 章中提到的众多替代策略。总之应尽量避免使绿地深度超过 12 英寸，特别是对于小型雨水花园而言。

来自屋顶的水流入艺术性的雨水装置，并进入位于七号街角新四季市场的绿地区，远处的雨水花园会收集这里流出的径流

退让和公用设施

在更新项目中，应在设计及建造集雨型绿地时注意保护现有建筑物。此时设计师可能需要留出一定的退让空间来维持与现有建筑结构的安全距离，以便透水景观发挥作用和排除干扰。还要考虑到如果该绿地太深，可能会有污染地下水的风险，因此最好是利用浅层绿地让径流通过。地下和架空设施也会妨碍雨洪管理所需的绿地，往往需要与其他人员的协商与技术协作才能解决。因此在实地评估时一定要检查这些方面的情况。

宾夕法尼亚州立大学校园停车场的简易雨洪管理景观。即使没有路缘，没有轮胎桩，沥青路面也没有混凝土路缘收边，径流通常也不会偏离目标场地

不透水表面的坡度

关注场地坡度对景观雨洪管理和常规排水系统的实际效果都非常重要。最简单的情况下，可以通过使不透水地面的坡度走向垂直于绿地入口来引导径流进入绿地。如果无法实现，可以在路面设计护堤或谷地改变水的流向，使之通向绿地入口或不透水场地边缘。

尽管许多设计师喜欢在沥青路面边缘设置混凝土的路缘，但随着时间的推移，这些路缘会面临沥青塌陷的风险，变成与堤坝类似的形状，此时雨水便会顺着混凝土的表面流淌，甚至可能绕过入口。

只有当水缓缓地穿过绿地，沿途渗透时才能达到景观雨洪管理的最佳效果。虽然许多情况下需要垂直的边界，但绿地边缘更适合设计成缓坡，特别是在正式的种植设计时，譬如与绿色街道相结合的设计。

工作人员在这个浅层雨水花园中设置了溢流结构，利用管道将溢流排走，水流则通过路缘和人行道的下方进入花园

下雨时，倒置的金属伞充当了排水口。从办公楼屋顶流出的雨水通过重力和顶部的压力被输送到雨伞上，在此装置中无需使用泵

而绿地若是坡度较陡，则需要滞留坝拦截水流以保持雨水渗透的效果。黏土上的陡坡则要求滞留坝必须允许水流通过，否则被截留的积水会导致蚊虫滋生等许多问题。

在黏土或其他渗透性差的土壤上进行溢流设计时需要 1%或 2%的斜率。而在排水良好的土壤中，雨洪管理绿地则可以是平坦的，只要它足以应对大型降雨或者下渗速度不理想等意外情况。

径流引导

径流可以通过多种方式进入绿地：从人行道和屋顶或通过排水孔、水槽、排水沟或者各种材料的渠道和管道。植物丛生的植草沟和水渠、线性或扇形的雨洪管理绿地等则在停车场中很常见。

许多景观设计依靠不透水表面的径流携带雨水，这会涉及对硬质景观的改造。截水沟是在地表形成狭窄的线性沟渠，能截断护堤坡面上的水流，引导其进入雨水景观。如前所述，不透水表面坡向应尽可能垂直于雨洪管理绿地。截水沟可由沥青或混凝土等多种材料制成，宽约 15—31cm，高约 2.5—5cm。

不透水区域的各种窄缝和沟渠也可以用来引导水穿过街道或其他路面进入绿地。这些硬质管道为径流创造了开放的地面通道。

雨洪绿地与邻近街道景观形成线性公园。这条人行道也起到堰的作用，路堤一侧有洞便于截留雨水

在旧金山贝特尔街的项目中，排水沟的宽度在 25-91cm 之间，坡度不超过 3%，最大深度仅 6.4cm。同时为了安全和美观，它在形式和颜色上与周边存在一定对比，这样有助于人们进行识别。

排水的通道深度超过 15cm 时，宽度需要随深度同步增加，因此要为路缘或人行道退让一些距离。有盖渠道和排水沟，可以代替路缘石和边沟提供排水功能，类似的覆盖方式也可用于人行通道交叉口。

斜沟槽在南加州广泛使用，通常由混凝土制成。还有其他可用于引导径流通过铺装区域的方法，比如沟槽式路面，在某些情况下甚至还会在上面加装降速条带。

堰坝和拦水坝

当雨水溢出时，堰坝和拦水坝可以用于蓄水以及促进渗透和沉淀。它们由预制的石材、现浇混凝土、钢筋、原木、植物、土壤、岩石或木材构成。

另一种方法是使用放置整齐的混凝土碎石或岩石，这些碎石或岩石会阻碍水流，但最终会让水从大多数碎石或岩石间通过。虽然这种方法并不防水，但对于排水不良的土壤会有特别好的效果。记住拦水坝是可以由密集种植的植被组成的，设计时应仔细考虑材料的美观和维护需求。

另一个要强调的问题是设计、结构和维护的准确性。所有的场地高程必须经过测试和确认，禁止在路缘石切口和入水口的前面或下游放置拦水坝。

这个雨水花园的拦水坝安装得太高了。水集中在第一个单元中，然后流回街道，根本没有进入雨水花园

哈尔西绿色街道东北角的雨水花园：拦水坝

这个巨大的绿色街道雨水花园长 22m，宽

打通拦水坝后水流就可以流入雨水花园设施的其余部分

在对淤地坝进行调整之前，大部分流量小的径流停留在雨水花园的第一个单元内

两年后，被改造的淤地坝仍然畅通，水的分布更加均匀。植物的健康状况得到了改善，不再被过度的水和污染物淹没

3.6m，从 1719m^2 的排水区域收集径流，其中 93% 为不透水表面。除了绿色街道种植池外，还有 14 棵行道树种植在 1.2m×2.4m 的人行道树池上。花园有 31cm 宽的路缘切口和三个拦水坝。溢流按照设计会从花园末端的路缘切口排出，流入典型的十字路口。

这个花园的主要问题在于雨水流速过快。评估显示本该拦截溢流的拦水坝建得太低了（不过目前还不清楚这个错误是来自设计还是施工），因此维护小组对其进行了更换。这些新水坝没有经过充分的测试，无法确保它们是否能正常运行，而根据现状来看，它们又太高了。

水集中聚集在第一个单元中，等水蓄满后会直接回流至街道，绕过雨水管理设施顺着路缘石的外侧流向路口，而不是顺着拦水坝逐个经过后面的单元。所种的耐旱植物在后两个单元中长势良好，但在第一个单元中因为水过量而死亡，尽管许多耐旱植物能经受周期性的冬季淹水。

在打通第一个拦水坝之后，水流终于可以进入另外两个绿地单元并更加合理地分布。事后看来，很明显花园的内部并不深，其实并不需要建三座拦水坝。总的来说，该项目发现了设计、建造和维护过程中的种种疏漏与问题。因此作为施工检查的一部分，流量测试设施除了要检查项目实际绩效，还需要检查拦水坝是否有调整的必要。

这个项目还面临规模控制方面的问题：雨水花园的实际面积比我们上面提到的公式计算结果要小得多。虽然其 1.85 万平方英尺的不透水区域对于一个只有 864 平方英尺的项目设施来说是很大的，然而在城市的综合下水道区域，它还需要满足相当大量的城市径流收集和各种小型降雨下渗的需求。即使以 31cm 的积水深度计算，也需要 139m^2 才能在一小时的降雨中收集 2.5cm 的积水。不过俄勒冈州波特兰市很少发生这样的事件，我们发现这是因为即使是一些零碎的绿地，也能承担具有重要意义的雨水下渗任务，特别是在一些小型降雨中。一些设计师认为设计应该要么全有要么全无，但景观雨洪管理的理念其实是“有总比没有好”。

一个排水口从芝加哥的一座建筑一直延伸到下面的雨水花园

在设计阶段，还要仔细考虑前池和植被区域的污染物积累。重要的是要疏散污染物而非将其淤积在前池。当然，有时修筑前池确实是一个合理的方法，具体的选择应当综合考虑诸如泥沙预期负荷、地形、人工垃圾和工业活动等等各种因素。

管道设施

景观雨洪管理几乎不需要管道，水更多是流经不透水表面直接进入绿地。

屋顶可以占场地不透水表面的 10%-90%，它们会将雨水经由落水管直接导致地下管道排入街道系统。新建的建筑可以在设计时把这种地下输送转移到地面上；但对改造类项目来说，很难将室内排水直接与绿地联系起来，因为内部管道通常深 61-91cm，这会导致绿地也相应变深。不过，可以通过设计使管道在几乎任何需要的高度穿过墙壁。

在寒冷的气候条件下，室内管道促进热量（能量）从建筑物向大气的流动。这使得冰雪能很快融化并从屋顶排走。然而，这些热量传递会增加建筑的能耗，而且设计时必须考虑紧急溢流口。

其他屋顶使用建筑外部的落水管，雨水通过一个集水箱进入垂直的管道。这些管道通常比室内管道便宜得多，而且它们更容易促进地表排水，尤其是在相对平坦的场地上。然而，外部落水管很可能在某些降雨条件下形成冰坝，不过适当的紧急溢流可以降低其风险。

如果可能的话，要与管道系统的设计人员协调，在重要地方设置排水点，以便将水引入绿地。这对于新建筑或大规模改造来说更加容易一些，比如俄勒冈州密尔沃基市米尔恩特商店（Mill End Store）的改造，它的室内屋顶管道排入建筑东侧，但通过转向管道，径流可以被重新引导到建筑西侧的绿地区域。

另一个例子是由波特兰市出资，将自由中心停车场的绿地区域改造成植草沟的示范项目。建筑中心的管道被移到两侧，为长而窄的下渗植草沟供水。当然，改造现有建筑的管道需要一笔额外的资金，新建项目则不需要。

另外，还有很多方法可以在没有管道的情况下引导水排出屋面以及一些新颖有趣的方法来促进建筑排水，譬如链式排水沟、排水孔、屋顶边缘的浅槽等。屋顶的水流通常会通过外部的落水管流向收集雨水的绿地，在水管落地的交汇点需要用防冲击的垫层进行加固，也起到分流的作用。

对于许多单户住宅和小型商业建筑适用的策略则是，引导水流到达屋顶边缘，直接向下排至路侧的绿地。

加利福尼亚州戴维斯市新建项目中的雨洪绿地分车带。整个种植过程都使用了岩石覆盖层，当暴雨来临时，矿物覆盖层能保持稳定，有机覆盖物会被冲走

植被和土壤

事实上，植物也进化出了与人类相似的特质：有些“全能型选手”几乎能够生活在任何土壤条件的任何地方，而一些“专家”则需要适宜的土壤、阳光、树荫、昆虫以及其他特殊因素才能生存。

一个将雨洪绿地与其他街道元素结合在一起的街道改造项目。这些岩石覆盖物的设计对于改善该地区炎热干燥的夏季环境有好处，但随着时间的推移，可能会有沉积物覆盖岩石

传统景观设计中的植物配植根据现场条件和客户或设计师的审美要求的不同而变化，而在景观雨洪管理设计中，植物承担着管理雨水的额外责任。此时，运行维护（O&M）成本作为基础设施成本，实际上为“双重成本”，在整个设计初期建立运行维护的预算机制对于开发一个既功能强大、易于维护又亲切美观的雨水景观是至关重要的。

由于世界各地的气候、地质和植被的多样性，我们无法详细说出哪种植物和土壤适合景观雨洪管理。但是根据现有研究，我们相信景观雨洪管理几乎可以在任何土壤条件下实现，包括一些条件非常有限的非种植地区，这其中需要运用一些基本原则。

首先要用本地植物来设计。尽可能选择排水良好的天然土壤，其次是排水良好的进口或工程土壤。

在种植丛生草或其他不能有效覆盖土壤的植物时，在径流路径上要使用三角式栽植法。有些情况下，最好把植物种成垂直于水流的直线。

精心设计的雨洪管理绿地应该周全考虑植物和材料的选用，例如考虑岩石覆盖物，以防止土壤侵蚀和保持水分。如果发生侵蚀，应采取措施增加或调整材料以纠正问题。需要注意的是，大多数绿地都能够在一段时间后自行修复。

对于径流量不大的沟渠，考虑在其中填满砂

砾或设置拦水坝，起到阻滞水流促进渗透的作用。拦水坝还有助于减少侵蚀的发生。设置拦水坝要保证渗透率，以免发生积水。

同时，如果上游的沉积物负荷很高，则可以覆盖砾石层，沉积物可以促进砾石表面和中间杂草的生长。

理想情况下，雨洪管理景观的土壤应以每小时 2.5-5cm 的速度排水。种植更耐旱、株距更密或根系更深的植物会加快排水速度。若想实现较慢的渗透速度，可能需要更大更浅的空间，或者更聪明的技巧，比如让水在进入绿地前滞留在不透水表面。

景观行业有一种趋势，就是为各种各样的植物搭配合适的土壤，这通常用于繁茂的花园设计。但是设计者应考虑将植物选择限制在要使用的土壤中。如果本地植物存在于附近或基地上，请优先选用这些植物。如果时间允许，尝试在选定土壤中进行种植试验，使植物们适应土壤和水分条件，避免施肥，实现灌溉最小化。

如今不少适合雨水花园和生态滞留池的土壤在出售。购买时要注意的是：选择虽繁多，其价格和美观程度却不尽相同。最重要的影响因素就是土壤能否支持植物良好生长和雨水合理渗透。设计中可以对土壤进行修正以调整排水速率；覆盖或堆肥也有助于短期的保持水分和减少杂草，但一段时间后，反而会促进杂草生长。但是，应当避免用木屑覆盖，因为它们会浮在水面，堵塞出口。

土壤排水性能良好的绿地可以不借助湿地植物进行设计。许多耐旱植物也具有耐水性，水越分散，越不容易产生潮湿环境的问题。相对不透水的土壤，如黏土或硬土，则需要溢流设计，除非需要将其设计成蓄水单元。

有了植被以后，设计也将随着时间不断演进。自然主义景观是一种不断变换的景观，植物的组合因时间推移而发生变化。随着现场树木的成熟，新的阳光充足的林荫植草沟上的野花将逐渐被更多的喜阴植物所取代。浓密树冠下的植物不太可能存活，几年后，新的适应环境变化的植物会出现。

暗沟

设计师往往习惯在绿地区域设置暗沟，防止积水滋生蚊虫。通常这些排水沟是没有必要的，土壤下的多孔管或砾石层等形式都可以替代暗沟。雨洪管理的理念不是把水蓄起来，而是让雨水通过渗透或者溢流在合理的时间内（12—48 小时内，视地区而定）排出。但正如前文所述，要确保一定的灵活性。所以一些设计师为了规避风险，不惜花大价钱也要在下水道底部安装顶盖或溢流弯头，以确保即使系统堵塞也能正常运作。

建造

自从第一座城市建立，施工方一直在与雨洪打交道。虽然如今城市的范围早已改变，但基本问题仍然存在：降雨造成泥泞不堪，进而引发健康、经济、环境和安全方面的问题。最近，包括《清洁水法案》在内的诸多法规规定，项目施工期间需对场地和工程废物加强管理。

但是，保持清洁没那么简单。传统的景观和雨洪管理项目需要清理、拆除、挖掘、填充、铺设、收边、压顶等各道程序，所有这些程序都在景观工程开始之前完成。不过随着雨洪设计与景观结合越发密切，承包商和项目经理也开始面临新的挑战。一旦有了出色的设计，只要施工不出大问题项目就会取得成功，因此正确、精确的设计落地是至关重要的。但即使是最好的设计也可能存在缺陷，承包商可能会据此建成有瑕疵的项目；或者施工团队可能难以察觉一些对景观雨洪管理至关重要的细节。作为一种相对较新的技术，景观雨洪管理对细节要求很高。

早在 1992 年，俄勒冈科学与工业博物馆的停车场正在建设时，承包商就表示并不明白景观雨洪管理的设计要求，甚至将允许径流从地块流向绿地的路缘切口当作一个失误。因此，他改变了这个细节，并将路缘抬高到沥青路面上方 2.5cm，以防止错误发生。

幸运的是一名市政雇员在建设过程中发现了这个错误，从而避免因“纠错”而导致错误发生，承包商也了解到了这个原本以为只是美观而非功能设计的真正意图。

在雨洪管理景观设计中，项目设计师或资质良好的第三方顾问通常是确保项目成功的最佳人选。因此，沟通和监督方面的投入很关键。

验收

即使有良好的设计和合格的施工团队，专业的验收对于项目建成也是至关重要的。在波特兰东北桑迪大道项目中，项目参与人员都忽视了地形的变化。因为在晴朗的日子里，细节问题总是容易被阳光掩盖，但当下雨时，系统的故障却是显而易见的：案例中水流跳过入水口直接向坡底的十字路口汇去。

质检员的细心非常重要，可以在项目进行过程中发现所有问题，此时纠正问题相对容易且成本较低。项目在签字交付之前必须要进行径流测试。

不过细心但不懂行的质检员有时会影响项目建设。几年前，在波特兰法规强制雨洪管理之前，作为波特兰第一批绿色示范项目之一的景观雨洪种植池，设计并获批在新公寓楼进行施工。

刚从外地雇来的新质检员表示，他从未见过这样的设计，并认为规划局的人员出现了失误。于是他要求承包商更改设计，连接落水管，不让水进入种植池，于是也就无法有效管理雨水了。该项目的业主最终选择妥协，而非浪费时间和金钱进行争辩。当其他市政人员试图挽回时，为时晚矣。

运行和维护

项目设计阶段的首要任务是确定运行和维护预算（O&M）以及资金来源。运行和维护计划的重要性时常被低估——最终不得不以项目的持续性为代价。如果没有与客户和后续场地管理员（他们通常不参与场地设计过程）沟通清楚，就会出现问题。项目完成后，便开始由业主负责，并交给运行和维护团队持续经营。理想情况下，他们都会提前收到清晰连贯的运行和维护计划，详细说明场地的持续维护需求。许多评级系统，如SITES和LEED都需要这样的运行和维护计划，而波特兰市在1999年就首次开始要求建立雨洪管理设施的运行维护计划。

1995年至1997年期间，波特兰环境服务局设计并建造了新的办公室和实验室设施，它们具有雨洪管理的功能，在停车场和屋顶排水处设有植草沟。但是该项目未制定运行和维护规则。随着景观的自然与成熟，这些植物长得高大繁密，意外地成为便于藏身的地方。

几年后，警察在停车场的植被中逮捕了一名逃犯。随后，这些植物被修剪到18英寸高，至今仍保持这种状态，再也无法为逃犯或其他犯罪分子提供庇护。

事实上，如果事先了解该地的安全隐患，设计师本可以选用一些低矮的植物。由此可见，场地评估应包括邻近物业和社区可能影响设计的人为因素。在概念阶段与所有成员的沟通，可能会发现这一点。

制定运行维护计划

一个良好的运行和维护计划应该兼顾两个主要方面：清除关键区域的淤塞和泥沙；植物维护，包括何时以及如何灌溉、何时进行必要的修剪和覆盖。当然理想的雨洪管理景观其实并不需要灌溉、修剪或施肥。如果运行和维护计划没有明确规定如何管理种植和关键区域，维护团队或承包商就只能在现场做出决策，他们往往会默认采用标准方法：喷洒、浸泡、修剪、移除。

每一位景观设计师都有过这样的经历：他们的设计受制于维护人员的想法和意志。很多本应该郁郁葱葱、自然生长的植物被刻意修剪，以符合传统园艺审美。

预先制定植被成熟各个阶段的运行和维护计划是有必要的：

前五年：种植和建设

5—20年：早期生长发育

20—100年：发育完全的

植物配植应当经过慎重的考虑，力图削减甚至消除每年修剪的必要，还得避免它们妨碍人行道和街道的视线和雨水入口，确保进水口和路缘切口不会被茅草覆盖。植物在生长之前需要照顾，包括除草和替换枯死的植被，可能在头两年需要补充灌溉。不断成熟的根系最终会从不断补充的径流中吸收更深层的土壤水分。然而许多气候条件下，无灌溉景观都是可行的，但很少有设计师

灯心草在太平洋西北部地区频繁使用，它们即使不灌溉也能生存。俄勒冈州波特兰市的居民区也可以看到它的身影，但在商业区却鲜有行迹（如图）。波特兰90% 的街道种植池都无须灌溉，从而节省资源、成本和运行维护费用

知道或愿意尝试这些技术。

一种方法是大量使用死亡率中等的小型植物。这比使用大型的传统种植便宜不少，不过在商业区这种方式可能会被认为美感欠佳。

一个精心设计的项目是不需要肥料、除草剂和杀虫剂的，这需要气候、土壤、植物相配合。设计师需要更加努力且精妙地使设计结合自然，创造自我维持的项目。

雨水收集功能应按季节进行检查和维护，以确保正常运行。这包括清除垃圾、沉淀物、植物和堵塞入口或堆积在花园里的碎屑。理想状态下应当坚持在暴雨后检查花园，虽然对于有成千上万的设施要管理的市政当局来说，这可能不太现实。了解当地容易产生的沉积物和多发季节，包括春天的花朵、秋天的落叶、7 月 4 日的庆祝活动、沙尘暴等各种因素。运行维护的理想季节往往与鸟类及其他野生动物的筑巢和繁育活动重合。因此有必要提前计划，尽量减少对这些生物的干扰。确定现场管理和维护的责任。一些城市已经开展了志愿者计划，共同监督和清理较小的设施。

几十年前，一位波特兰市的专员意识到，他所在的交通部门无法很好地维护雨水入口以防止它们堵塞和淹没交叉路口。因此，他发出通知，要求公众自发清理住宅和企业附近的入口。

该市的应急管理团队得知此事后十分震惊，他们告诉专员“你不能让别人帮忙做这项工作，如果他们以你让他们帮忙而受伤为由起诉城市该怎么办呢？”直到 25 年后，波特兰市建立了“绿色街道管理”计划，为志愿者提供培训，

并签署弃权书，声明他们不会起诉城市。该计划现已延伸至合作企业，那里的员工也自愿提供帮助。

其他城市也开展了类似的计划。在费城，“吸收吧”（Soak It Up!）领养计划为市民团体提供拨款，鼓励他们领养并维护绿色基础设施项目。市民们分组清除垃圾和场地、查验积水情况、植物状况和物理损坏等内容，然后向费城水务局提交报告。

总结

如今，大多数城市的发展方针都是在书中讨论的新型绿色设计兴起之前起草的。标准化可以提高效率和经济发展规模，却也限制了新技术的创新和集成，雨洪管理尤其如此，也阻碍了将水作为宝贵资源的正确认识。

当波特兰初次考虑采用植被策略进行雨洪管理时，市政工作人员召开了一次会议，讨论这些新兴“绿色”装置的运行维护（O&M）。特别是关于绿色街道，运行维护被归为市政工程而非个人义务，负责维护的人员坚持要求设置集水区或前池，争论也就此展开。

有人提出这些是为了让沉淀物流动而设计的，每种方法各有利弊，可以分别进行尝试。但由于没有科学依据，最终这个建议被一致否决了，但情感上对此的认知是：“你很幸运，我们正在开始做这些疯狂的事情。”

很多时候，变革期的新想法依旧不免被过去的经验与观点所阻碍。即便有的人坚信绿色方法，但遗憾的是，他们并没有立即对这些方法进行实证。这些实验本可以提供科学可靠的数据，作为未来设计决策的依据。而如今，我们只能寄希望于未来可能有某人或者某个城市试验这些方法。

正如 13 世纪的佛教高僧日莲（Nichiren）在引用《心地观经》（Mind-Ground Sutra）的古代经文时所述：“今天的果来自过去的因，今天的因导致未来的果。”如果要问我们今天的因到底是什么，那就是设计和建设的政策、实践和规范。

城市需要为它们所做的未来 50 或 100 年的基础设施决策负责。如果未来是无法接受的，那么今天就必须做出改变。当然，必须有人花时间找出问题和解决问题的方法。或许你就是这个人。

西雅图市中心重建项目中有两个洼地，每块洼地长度超过122m，使雨水径流在流向联合湖的途中进行过滤和净化。不过这其实不属于绿色街道，径流只是在收集后经管道从上游社区排过来的

2008 年春天的立普坦车库生态屋顶，这已经是建成十几年的样子了。种植了各种景天属、鳞茎和草本植物，过去的 18 年里该屋顶都被用于雨水和热量监测

第 6 章

不透水表面的植被层

一场“变灰为绿”的革命席卷了美国的建成环境。大量由景天属植物和其他抗逆性植物所组成的绿地覆盖了越来越多的屋顶和其他不透水表面。这些植被系统激发了建筑师、景观设计师、工程师、城市自然主义者和规划师们的想象，他们一直在寻找建设和改造城市的新方法。

这一章我们将探讨屋顶、墙体和铺装表面的植被层是如何实现环境友好、高效集约的雨洪管理的。当中包括生态屋顶、植物墙面、种植池和可用于覆盖不透水表面的树木与藤本植物等。同时，我们也提供实用低耗的设计、建造、运行和维护的指导方法。这里主要介绍的是雨洪管理方面最有效的技术与设计，当然也包括这些植物生态系统的附加效果。

由于我们的关注点是雨洪管理，这里将不涉及密集型的屋顶花园与室内生态墙面的安装。不过我们会简要地提到与雨洪管理同样重要的一个话题——生物多样性。生态屋顶与墙面具有成为现存物种的安全栖息地的可能性。这里所说的植物屋顶采取的是浅层、轻质、自我维持的方式，由于土层较薄，这种屋顶常被称为粗放绿化屋顶或生态屋顶。

雨洪管理的方法

用植物与土壤覆盖不透水表面，就形成了植物雨水滞留系统：土壤与生长介质吸收雨水，叶片、茎干和枝条拦截并吸收雨水。一些雨水成为了小生态系统的一部分，另一些通过蒸散回到环境中。这样的自然系统、植物屋顶、墙面、树木和种植池能够保留和拦截雨水，在调节径流方面有着明显的作用。

植物屋顶

早在几个世纪前，植物会生长在欧洲、亚洲、非洲和美洲等地区屋顶的茅草或类似的材质上，这有可能是最早出现的植物屋顶。与此相似的是，从古至今土壤和草皮都被用来作为基础隔热。美国中西部的居民常切割草皮并放置在树皮铺成的防渗膜上，以此做成植物屋顶。

在某些气候条件下，青苔是非常完美的覆盖屋面植物。维京人和美洲土著居民，例如曼丹人，以建造草覆盖的装配式住宅闻名，有的房子甚至还能满足树的生长。其中一些这样的住所一直保存至今。实际上，世界上还有各种存在了 50 年甚至上百年的生态屋顶，比如说苏黎世水库、纽约洛克菲勒中央屋顶花园以及其他众多的案例等。

今日所说的植物屋顶起源于 20 世纪 70 年代的德国，当时的想法是创造一种能够自我维护的，具有生命力的种植系统，以达到产生环境效益和延长屋顶防护膜寿命的目的。大量的这样的案例曾经（目前仍然）是简单的青苔与景天科植物组成的植物屋顶。目前它们已发展为采用多样植物和材料，有利于生物栖息地与生物多样性的屋顶。欧洲、亚洲和加拿大的许多城市明文规定，新的建筑需要使用植物屋顶。

在美国，生态屋顶，或者说植物屋顶，最早出现在 20 世纪 90 年代。其中三处巧合地在间隔不到一年的时间内先后建成，分别是：建于 1996 年的俄勒冈州波特兰的一个车库；建于 1997 年的费城的一家音乐工作室以及建于 1997 年的加利福尼亚州圣布鲁诺的前 GAP 公司总部，现在已经成为 YouTube 的办公楼。这三个案例宣告这个国家的雨洪管理走向了新的时代——用土壤与植物覆盖不透水的表面以使滞留雨水成为可能。

植物屋顶能在雨水成为径流之前就在它落下的地方将其滞留，因而实现了雨水的管理。这种

位于苏黎世水库的生态屋顶建于 1914 年，它的一部分看起来像是一片野生牧场。研究者发现这块屋顶存在生长着大量稀有的本土兰科植物

瑞典斯德哥尔摩的一块旧式植物屋顶。从斯堪的纳维亚半岛到德国都能发现这些屋顶的身影

荷兰机场的仅由景天科植物组成的屋顶，它与德国的许多案例相似

位于加利福尼亚州圣布鲁诺的 YouTube 总部，摄于 2014 年。1997 年这块生态屋顶完工时，它还是美国第一例这样的屋顶

位于得克萨斯州奥斯汀的约翰逊夫人野花中心生态屋顶试验地，自 2006 年安装以来，就一直用于研究雨水与能源的问题

屋顶很少失灵，因为它们几乎不进行雨水的传输。当然，约翰逊夫人野花中心的研究员马克·西蒙斯指出：生态屋顶并不完全一样。在雨洪管理方面，气候、材质、植物、尺寸和外界因素的不同，都影响着植物屋顶性能的发挥。

住宅车库的生态屋顶

1996 年的时候，我在波特兰的小屋后面的车库看起来就像一堆松散垮塌、等待改造的瓦砾。车库建于 1919 年，它的木钉已经干腐，并且结

10 年间，我车库上的植物一直发生着变化。西边（图中右边）的草变成了夏天的黄褐色，而东边的却因为一棵针叶树的遮蔽而保持翠绿。在草的下面生长着一片景天科的植物

构上也倾斜了约 15cm。它的屋顶像个筛子一样漏水，在大雨时内部的混凝土地板会被水淹没。我曾多次试图将漏洞修补但无济于事，以至于我准备将它拆除。6 年前，我有幸在波特兰的一次会议上听到了伦敦生态中心的大卫 • 古德的发言。在发言中，他提到了在德国人们发现植物屋顶可用于雨水管理。我意识到将我的车库作为工作场地会是一个完美的实践和研究机会。

同样是在 1996 年，我在 ASLA 会议上遇到了来自洛杉矶的科妮莉亚 • 哈恩 • 奥伯兰德。她热情地鼓励我在车库上安装生态屋顶。

带着全新的使命感，我用钉子加固了墙面，用交叉支撑加固了横梁，然后用报纸和塑料膜覆盖了屋顶。那年春天我在车库上安装了植物屋顶并立即开始了试验。我没有完全按照指示进行建造。我将自家后院的沙质土，混入 30% 的堆肥。我没有安装排水垫层或储水垫层，用内衬作防穿层，同时在适当的位置铺设沥青形成防渗膜。选择景天科作为植物材料，因为其他植物经过测验很少存活。屋顶不进行灌溉。

1997—1998 年这两年间我测验了屋顶的雨洪管理绩效，发现 2.5-7.6cm 深的土层可以滞留大约总降水量的 30%（值得注意的是 1997 年的降水量为 109cm，1998 年的降水量是 117cm，都比波特兰平均的降水量 37 英寸要多）。1998 年我工作的一部分是使植物屋顶成为波特兰市认

多年来我试验了无数种植物，比如说在 2012 年，琉维草就在景天和草本植物中脱颖而出

可的一种雨洪管理手段，为了达成这一目标，我和妻子通过模拟暴雨来测试车库生态屋顶的滞留雨水绩效。据我所知，这些是当时美国最早的全面测试。

1998 年的径流样本来自一场暴雨，其唯一的参数是检测到的从屋顶流失的营养物质。随后对波特兰其他屋顶进行的断断续续的监测发现了其他的参数，例如铜和锌。

多年来这块 17m^2 的空间作为一块试验田已经大量地试用了不同的土壤与植物组合。久而久之，“汤姆的车库”在雨洪管理领域也有几分名气了。2008 年，《国家地理》杂志的摄影师来拍照，邻居们都留下了很深的印象。唉，最终照片没能刊登在 2009 年的 5 月刊上，但文章中提到了车库的屋顶。

刚开始观测车库的生态屋顶时，我发现在春天和夏天，这里会有很多的授粉昆虫。我还注意到屋顶上的小鸟常常收集小枝来筑巢或其他用途。这使我明白了生态屋顶不仅仅是一个管理雨洪的工具，还是一个植物、无脊椎动物和鸟类共生的

经过了约十年的光阴，这株 1996 年种下的郁金香在第一朵花绽放时终于展现出它真正的色彩。在 2008 年之后，还有好几朵黄花开放。许多球茎可以忍受无灌溉屋顶的恶劣干燥环境

生态系统。

在使用了差不多 20 年后，这块简易的试验田终于“退休”了。我们卖掉了房子，也是时候将这一小块人造景观传递给下一任主人了。于是，在 2014 年的秋天，我和女婿用 EPDM 衬垫替换了原来的廉价塑料膜，然后用铲子将土壤与植物移回屋顶，再使其平整并修整边缘。只花了几个小时，我们就让它准备好了迎接新主人。在 2017 年的 1 月，新主人们说他们非常喜欢与一小块波特兰的绿化历史同住。

种植墙面

种植墙面可以分为两种：一种是专门为雨洪管理设计的，另一种则更多地设计为生态覆盖层，在暴雨时由于主要风向不同，其雨水滞留能力也有变化。这两种墙都能通过蒸散吸收雨水，因此在解决雨水问题的同时还可以产生其他的潜在效益，如降低城市的气温。

种植雨水墙面采用一种土壤和植物的结合手

位于伦敦的一块大面积墙面植物改造。植物系统在降雨时收集雨水储存在水箱中，之后将雨水注入分配系统，使其沿墙面向下渗透

波特兰的一面低矮的墙，用于遮挡雨水储存箱，屋顶的落水管为墙面供水。雨水从生态屋顶流到墙上的平台。不锈钢的鲑鱼装饰悬在上方，与落水管连接

段来管理垂直表面上的雨水和径流。从建筑学视角看，“绿色墙面”或“生态墙面”的各种变化是整体绿色基础设施构建方法中非常重要且实用的内容。虽然这个想法并不新颖，但是相较而言这些墙面没有专门针对雨洪管理设计的。时至今日，学术界也几乎没有关于种植墙面雨洪管理能力的研究（尽管有一些研究是关于测试这些墙面的节能有效性的）。

经过设计，雨水墙面可以成为植物屋顶与连续种植池的结合。与全表面都能接纳雨水的植物屋顶不同，雨洪管理墙面只能接受迎风面带来的雨水（如果墙面不是朝着背风向的话）。假如墙面

波特兰展览中心立面上对称的垂直排水沟能够接收屋顶的径流。项目建于 2014 年，其雨洪处理能力始终处于被监测状态，但目前并没有得出结论。这个设施能实现有效的灌溉

由一连串沿着墙体的线形种植池构成，并且雨水被引流到顶层的架子上或者被平均分流出去，减少雨水径流是可以实现的。

波特兰的外露式雨水墙面

2014 年，波特兰市与地区政府机构 Metro 和美国环境保护局进行合作，在波特兰展览中心建造一面大型的雨洪管理墙面。墙面由一系列各自独立的不锈钢平台构成，雨水逐级排放到下一层平台，最后进入一个雨水种植池，多余的雨水则进入日常的管道系统。径流来自一块约 929m^2 的传统屋顶，市政府建立了检测系统以精确墙面的雨洪管理能力。这种原型方案正如一般的原型一样，需要消耗大量的资金，但是如果它能起作用的话，花费就很可能减少。期待它能成功吧！

瑞典马尔默的一块墙面上的雨水槽。水流经过水槽底部的开口滴落到景天与土壤里。图中，早晨的水已经结冰了

其他的雨洪管理墙面案例

将雨水平均分配到种植池与种植墙面上很难实现，但图中的案例是一个在设计与建造方面都不错的系统。下图也同样如此

马尔默的雨洪管理墙面

瑞典马尔默市的瓦斯塔・哈门是一个旧工业区改造的生态街区。关于其众多的可持续性特征，已有大量的相关文章，而不引人注目的雨水墙面，或者准确地说，雨洪管理墙面与篱笆，却很少被人提起。这些墙面分隔出了不同的户外生活区域。落水管将水流引入水槽，槽中的水满了之后会滴落到种着景天科植物的墙面上。而在强烈的暴风雨来临时，大部分溢出的水流会绕开浸满水的土壤和植被。

墙面上有生长在棚架上的藤本植物和雨水种植池，种植池接收上方一块 743m² 的庭院和 2787m² 的建筑生态屋顶上溢出的径流

在“9・11”恐怖袭击后，全美各地的街道上都安装了种植池，以保护公共建筑。图中的种植池也被用于保护行人免受小汽车和大型车辆的攻击，同时也起到持续滞留雨水的作用

植物种植池

任意形态和尺寸的植物种植池都可以置于或植入不透水的表面，以此达到滞留雨水的目的。它们一般覆盖在人无需使用，但表面不透水的区域上。这些种植池与雨洪种植池有所区别，因为这些种植池是用于截流降水的，而不是雨水径流。虽然种植池的使用效果在一定程度上受限于其覆盖面积，但它依然具有多种功能，并且能应用于建筑、桥梁、人行道和其他各种地方。除了截流降水，它们还具有缓解热岛效应，为无脊椎动物和鸟类提供栖息地，丰富视觉观赏效果以及形成交通安全屏障等多种好处。

由于这些景观设施都能滞留雨雪，因此无论是在地面上、种植池上或是无数的这两者的结合体上，地表径流都显著地有所减少。相较于植物屋顶与流动式种植池而言，这种景观种植池能够更好地起到管理雨洪的作用，其原因在于这种种植池有着更深的土层。有些种植池可以容纳 30-91cm 的土壤，因此它也能使植物的选择更加多样。但如果灌溉过度的话，这些种植池的雨水滞留能力将会有所下降。

公共区域中，许多不需要人行道的地方却出现了人行道。很多城市的铺装对景观的可持续性造成了很大的破坏。在美国以及世界上大多数城市的一些财政资金紧张的交通部门中，这一问题尤其明显。

这条街上的种植池从机动车道中分离出了一条自行车道。这是充分利用空间，达到用植物覆盖不透水表面目的的另一个例子

种植池覆盖了商业建筑旁的一大块不透水表面。在改造之前这里是一块开放的人行广场

对植物景观实际的雨水监测是有限的，但是通过对植物屋顶数据的推断，可以猜测种植池也能管理所有落在上面的雨水，几乎可以应对最大强度的暴雨。主要的限制是一个简单的问题：这些种植池到底能适用于多少地方。看看我们周围的环境，答案很有可能会是：比想象的要多，比过去所有的要多得多。

这一理念最近有了一种变形，就是对在同一平面上的不透水表面进行类似生态屋顶的改造。不是在无使用需求的不透水区域上建造种植池，而是在这块区域中覆盖上深浅不同的土壤与植被。这种方法相较之下更加经济，因为原有的沥青或混凝土能够保留。在马里兰州贝塞斯达的美国国立卫生研究院的安检处，这种方法得到了很好的应用。

一棵巨大的南方橡树能够提供遮阳、滞留雨水，巨大的枝干还能供人攀爬。在闹市区，橡树几乎是不可能长得这么大的

树木

与其他形式的植被一样，树木能够拦截降水并且使自身蒸散的水分回到环境中。雨水经过树叶、枝条和茎干，一路被植物所吸收，最终在根部渗入地下。未蒸发的雨水会被树木滞留，从而起到减缓径流形成的作用。在需要用水造景时，树还能形成新的景观空间和覆盖不透水表面。

在城市中，树木还有显著的生态作用与美学效益：净化空气，给城市降温，提供野生动物栖息地，提高附近的地产价值和管理雨洪等。它们是绝大多数景观设计中不可或缺的部分。然而，树木对径流量的确切影响目前还不明确。

雨洪管理方法

任何一个在雨中或者炎炎烈日下寻找树木遮蔽的人都会知道，树冠形成了实用多孔的海绵伞，接住滴灌线以内的雨水，从而使得被覆盖的区域保持干燥，在夏天则提供阴凉。这样的遮盖还可以拦截并引导雨水沿树枝和茎干流向地面（这一过程叫作“树干茎流”）。它能够延缓水流，加速蒸腾，还可以利用茎干与树叶吸收水分。

作为一种管理雨洪的方法，树木有着其他方式所不具备的特质，当然还包括一些特殊的挑战。而且，关于树木管理雨洪能力的研究有着一定的限制条件，研究的结果也不尽相同。但是我们仍有足够的信息支撑以下的结论：树木能减少径流，在降水规模较小时这一效果更加明显；树木能为

这些橡树在开阔的土地上形成了巨大的结构以调节雨水。如果市区坐落在这样的环境中，树也能起到同样的效果。很多城市都在闹市区保留了大型的树木

即便在冬天，落叶树也能滞留雨水，它的枝条可以将雨水导向茎干，形成树干茎流

不透水的表面提供遮阳，由此减少地表径流与附近区域中的热量集聚。

常绿树种能常年发挥作用，而落叶树种则受季节影响很大：它们什么时候会有叶子以及什么时候能消纳雨水。一棵成年的落叶树所产生的影响在冬季湿润的地区和在夏季湿润的地区是非常不同的。对于夏季湿润地区来说，落叶树和常绿树都有不错的雨洪管理效果。而冬季降水占主要部分的地区大多数情况下应考虑常绿树种。

另外，关于用树木进行雨洪管理值得注意的一点是，不论是常绿树还是落叶树，只要是阔叶树，就可以使水聚集成水珠，然后在其落地之前蒸发。在有松柏科针叶树覆盖的地区，雨水会附着在针叶上，形成更好的滞留雨水效果，并能更大程度地减少径流。

水分蒸发的速率取决于气候类型、空气湿度、风速、城市热岛效应和与空气的接触面积。在降水规模较小时，树木可以拦截相当一部分的雨水。长时间或者大规模的降水过程中，大部分的雨水会穿过树木的顶盖。由于存在着多种变量，我们很难了解到一棵树在一个特定区域的雨水管理能力，除非这块地区曾进行过综合性的城市树木测试，这也是我们强烈推荐的。

最基本的一个变量是，附近的地表是透水还是不透水的。树木会将大部分的树干茎流引导到茎干的底部。渗透率取决于树木种植的介质以及树木的根系深度。树根能提高水分渗入土壤的渗透率。

树的阴影在管理雨洪中也起着重要的作用，它可以遮阳并降低城市地表的温度，通过减少地表在太阳下暴露的面积，树木可以减轻热岛效应，并改善大量由于阳光照射带来的环境与健康问题。

树荫还可以限制流经地表雨洪的升温，从而减少对附近水生生物的消极影响。较低的水温对下水道系统也有益处，因为下水道中的水最终会排入对温度十分敏感的水体中。对于小河、小溪、湖泊和海洋来说，这是一个相当大的好处。其他的雨洪管理方法都无法像树木一样，在起到这一作用的同时，还能保证树下不透水表面的空间使用。

树木可以净化空气中的污染物，将二氧化碳转化为氧气，还可以吸附烟尘、花粉和其他的悬浮物。经过植物的净化作用后，树根还可以吸收土壤中富集的污染物。

效益与挑战

树木对城市环境有着相当多的益处，因此树木通常是雨水设计中的一部分，甚至在某种程度上来说，把树种好就已经是雨水管理的一种手段了。

树木为鸟类和无脊椎动物提供了栖息地，有助于增加城市中的生物多样性并维护流域生态。树木能够拦截降水并减少地表径流，能够提高土壤的渗透率和污染物处理能力。

得克萨斯州奥斯汀的一棵南方橡树，它不仅拦截降水，还为水体和人提供必要的遮阳

在瑞典一个新建的公园中，远处的不透水区域和前区的草地上种植着密集的树。这些树很快就能形成完整的顶界面覆盖。公园附近的建筑都带有生态屋顶

萨克拉门托一处停车场上密植的树。这个城市有着美国最全面的停车场树木种植规范

现在我们来说说使用树木的一些局限。首先，即便是成年期的树木也只能管理大暴雨中的一小部分降水。不过这一因素可以在设计阶段加以考虑。更大的问题是树木在刚种下时体形较小，其树冠大小远不及成年期，管理降水的能力也较差。在管理雨水的多少和能力方面，新种下的树在头几年不能完全发挥作用，而在这几年里，成年树木才能应对的暴雨随时会来。

在经费充足的情况下，这一缺陷可以通过在开始时种下体型更大的或者两到三倍数量的树得到一定程度的改善。然而，这一方法会增加投入。

藤本植物

尽管藤本植物常常与植物墙面搭配使用，但它们也可以在不透水的表面上形成遮阳，拦截雨水并给雨水降温。藤本植物的生长需要某种介质，才能达到覆盖不透水表面的目的。通常情况下，廊架使用得最多，但也有一些其他方式。例如，在欧洲，人们在建筑之间拉上几条绳子，让藤蔓在绳子间生长。

藤蔓具有稳定的优点，种下之后，在很多地区它们不需要灌溉也能生长。并且在南加利福尼亚州这样的干旱地区，藤本植物所需的水分也远远少于其他植物。

藤本植物常常用在机场等区域的停车场或车库结构中，具有防雨、隔热等作用，还可以附带减少城市中的雨水径流，也是一个积极的作用。

在不适合种树的地方，德国某城市种上了藤本植物。这些藤蔓也许不能拦截很多雨水，但也可以遮阳并提供栖息地

瑞士巴塞尔的一处大型钢架与藤蔓。水箱中存储的雨水用于灌溉这些植物

旧金山的一个城市广场上，钢架上覆盖着藤蔓

私家庭院内的藤蔓廊架，其顶界面延伸到公共人行道上

在瑞士的这个开发区，建筑顶部使用了藤蔓与廊架，形成了一种长线性的风格

生长在墙上的藤蔓也可以延伸到屋顶上，这么一大片绿色都是从缝隙中生长蔓延出来的

研究

经过对植物屋顶的大规模监测和研究比对，证实了植物屋顶确实有减缓径流和滞留雨水的作用。在波特兰，每年滞留的降水百分比在 29%-60% 之间变化，同时流量峰值下降幅度也由 80% 变化到 97%（平均值为 90%）。

宾夕法尼亚大学、波特兰州立大学、南卡罗来纳州立大学、密歇根州立大学、得克萨斯州大学约翰逊夫人野花中心，佐治亚大学、马里兰大学、中佛罗里达大学等美国大学的研究都表明，各种不同的生态屋顶都具有一定的雨洪管理能力。尽管许多经过测验的屋顶在设计上不同，测验地的气候也有差异，但它们中有很大一部分表现出了相似的性能。令人意外但却更重要的是，这些覆盖物可以将屋顶防水膜的耐久性和寿命延长到商业屋面的两倍。

长期监测植物屋顶的使用绩效

大量理论论证了植物屋面是如何应对雨洪的，

汉密尔顿大厦生态屋顶的西侧，摄于 2015 年。2002—2012 年，生态屋顶西部的雨水拦截、滞留和水质一直处于被监测状态。在 10-13cm 的介质上，许多原生的景天科植物被覆盖在杂草之下。其滞留率为年降水量的 50%

汉密尔顿大厦生态屋顶的东侧，摄于 2015 年。这一侧屋顶在 2002—2006 年处于被监测状态。虽然只有 5-7.6cm 深的介质，但仍能够滞留年降水的 35%

汉密尔顿的生态屋顶上的雨水测量仪。在矮墙和测量仪之间的微气候中，地衣在金属探测器上生长

但却很少有长期检测结果的报告。俄勒冈州波特兰市汉密尔顿大厦的植物屋顶是一个典型的例子，对这块屋顶的监测从 2002 年持续到了 2012 年。结果显示在 10 年间，汉密尔顿的这块植物屋顶滞留了 50% 的降水。它同时还将大暴雨所带来的径流峰值减少了 90% 以上。

而在另一处，波特兰大厦也有一块监测了 5 年以上的植物屋顶，其结果也显示出相似的 90% 以上的最大径流量的减少，以及出色的 60% 的雨水滞留率。那么为什么波特兰大厦的生态屋顶具有比汉密尔顿大厦更好的表现呢？答案就在于生态系统的复杂性。

已知的两处屋顶设计上的不同有：汉密尔顿大厦的 10-13cm 深的种植介质上有 80% 的植物覆盖，而波特兰大厦的 7.6cm 深的种植介质上则有 95% 的植物覆盖。它们各自的种植介质都由不同的物质组成。它们都进行灌溉，但灌溉量不同，并且在夏秋季都会停止灌溉。汉密尔顿大厦的屋顶上种了各种草本植物与景天科植物，而波特兰大厦上则仅仅是简单的景天科植物。多年来，汉密尔顿大厦的屋顶经受了比波特兰大厦更多的踩踏和植物干扰。

其他设计上的不同也使结果更为复杂。尽管波特兰大厦的生态屋顶多了 15% 的土壤与植物覆盖面积，但它的土层深度却少了 2.5-5cm，或者说是少了 25% 的土壤。波特兰的研究显示，在冬

波特兰大厦的生态屋顶，于 2006 年到 2012 年被监测。7.6cm 深的介质表现出惊人的 60% 的雨水滞留率和接近 100% 的植物覆盖。当灌溉减少到了只能支撑景天科植物生长时，羊茅草便死了

季降水多，并且日照不足，导致土壤保持湿润时间更长的气候条件下，7.6cm 左右的土壤相较于更深的土层来说，会干燥得更快，能更快地准备好吸收下一轮降水。

根据 1999 年的规范要求，汉密尔顿大厦的屋顶有 2% 的坡度，还带有保温隔热层。而根据 2005 年的规范要求，波特兰大厦的屋顶有 1% 的坡度和屋顶隔热层，减少屋面的热量散失，并减缓了上层土壤干燥的速度。而它们各自使用的时段也不同，波特兰大厦作为办公楼，经常在白天使用，而汉密尔顿大厦的居民则在晚上回到住处。

汉密尔顿大厦生态屋顶水质测试说明了问题并不简单。生态屋顶能否改善水质？答案是肯定的，但它是否起到足够的改善作用呢？答案也是肯定的，但并不是一直有效。

这一问题还包括，径流需要达到怎样的干净水质标准？在波特兰，60% 的建筑排水口都与通向污水处理厂的地下水网系统“大管道”相连。雨水和生活污水都在那里经过处理，以达到排放标准。相较之下，经生态屋顶处理的雨水显然不能达到这样的排放标准。然而，波特兰有些溪流与小河的水体对磷、铜和其他污染物十分敏感，在这些地方可能就需要有生态屋顶将雨水引入雨水种植池，进行另外的污染物滞留，就像在波特兰的水源工程、格雷兰丁公寓和亚特华德公寓等项目中所做的那样。

其他地区的规范可能根据污染物的不同要求采取另外的措施。比如说在佛罗里达，磷和氮被列为需要注意的污染物，所有生态屋顶都应配有水箱系统以拦截并将径流重新输送回屋顶。这些地域性的差异对于景观设计手段的选择有着巨大影响。

在波特兰，工程师们发现了生态屋顶可以减少 50% 的径流。这一发现是基于收集前文提及的汉密尔顿大厦的监测数据而得出的。但要是它的效能再可以提高 10%-20%，就像波特兰大厦那样会怎样呢？ 50% 是否就已经足够了呢？是否应该再提高绩效呢？随着更多研究的推进和更多信息的获取，对增加绿化的合理性分析也应该更受到重视。

俄勒冈州波特兰市沃尔玛超市的生态屋顶的两个部分，完工于 2013 年。在左边的是 3-5 英寸的红煤渣覆盖层，而在右边的是 3 英寸深的生长介质。一种由黏土瓦做成的传送装置将空调冷凝水输入容器中，作为鸟和昆虫的饮水

介质深度与径流拦截的监测

另一项有关生态屋顶的研究以沃尔玛超市为对象。其中有两家在芝加哥，一家在温哥华，还有一家在俄勒冈州的波特兰。2010 年，沃尔玛为其在芝加哥的第一家超市安排了全面的监测工作，结果在 2013 年公布。初步结果显示，在 3 年 106 场降水中，屋顶平均滞留了 74% 的雨水，同时径流峰值也比降水峰值低了 65%。芝加哥这家超市的生态屋顶的降水滞留率高于波特兰汉密尔顿大厦与波特兰大厦的生态屋顶，但其拦截径流的能力却不如后两者。需要提及的一点是，芝加哥的夏天气候潮湿，而波特兰的夏天气候干燥。波特兰的沃尔玛超市屋顶采取的是草地式设计。

出于监测的目的，波特兰的沃尔玛超市屋顶被平均分成了 1208m^2 的三块，其土层深度分别为 7.6cm、7.6-13cm 和 13cm。3 英寸和 5 英寸厚的区域以及建筑中另外的一块普通屋顶也会被监测。这些区域中的种植介质层、排水层和植物都是相同的。

3-5 英寸深的区域在设计上有所不同，它有一些生物栖息地的特征，有些区域还有红煤渣覆盖层，但它不在雨洪监测的范围之内。这些所有的分区都由地下渗灌系统进行灌溉。

与汉密尔顿大厦生态屋顶的监测相比，这种方式的优势在于能够监测介质深度对径流拦截能力的影响，同时还能与传统屋顶形成对比。这项由波特兰环境服务局负责开展的检测开始于 2013 年，目前为止还未公布结果。

有关雨洪和树木的研究

目前已有的大量研究是关于树木和森林如何拦截降水并减少地表径流的，然而，已知的直接物理监测城市建成区域径流的，只有波特兰的树木对比研究。

在南卡罗来纳州，有人担心将阔叶林转变为针叶林会减少溪流中的水量。森林中树种的改变是为了更好地获取木材。多年后，20 世纪 60 年代，斯旺克研究多年后证实了这些担忧：针叶树

确实会拦截更多的降水，导致流向溪流的径流减少（Swank，1968）。

2003 年，加利福尼亚州圣莫妮卡的一项研究指出：树的大小、叶面的季节变化和降水类型都影响着雨水的滞留率。同时研究中还发现，就树冠层而言，其年均雨水滞留率（27%）远远高于其在 25 年一遇的暴雨中的滞留率（7%）。

在波特兰进行的一项从 2007 年 11 月持续到 2008 年 3 月的研究中发现，独立生长的黄杉比生长在其他树木林冠层下的能多拦截雨水（两者分别为 37% 和 26%）。波特兰州立大学的米切尔·比克斯比和艾伦·耶克利测量了总共的雨水滞留量，并推测树木在城市雨洪环境中可能有更好的滞留雨水表现。

不列颠哥伦比亚大学的另一项研究通过实验了解到树木是如何在不同的季节和降水类型中处理雨水的。研究人员在夏季凉爽、冬季潮湿温和的温哥华选择了 54 棵树。试验区域平均每年有 166 天的降水，降水强度小但持续时间长。研究从 2007 年 2 月持续到了 2008 年 11 月，其过程中测量了雨水拦截量与穿透降水量。在这段时间内，不同植物种的降水拦截量随季节发生变化。降水规模以温哥华典型的小型暴雨为主。总的来说，针叶树和落叶乔木分别能拦截总降水量的 76% 与 56%。

波特兰的多项研究都试图揭示树木在雨洪管理中的具体作用。其结果是令人惊喜和鼓舞的，特别是针对小型暴雨的作用。在这过程中，雨洪管理主要表现为拦截降水与形成树干茎流。

1992 年的 10 月与 11 月，我进行了首次检测，从而开启了一系列研究，主要内容是监测我家后院一棵 40 多年的紫丁香树。尽管我采用了一套粗糙的方法，并没有测量树干茎流，但基本的结果显示树木在 6 次降水中，其雨水拦截能力在 20%-35% 之间波动。基于这些令人信服的结果，城市环境服务局（BES）决定继续进行一系列更为科学严谨的测试。

2000 年，BES 选定了一棵 50 年树龄的山毛榉，在9月到10月进行测试。9月的一场0.8cm 的降水几乎完全（90%）被树冠拦截，并且没有出现树干茎流。接下来的几场降水在 10 月中旬接连到来，这一期间树木已经掉落了约 10% 的叶片。第一场降水，其规模为 0.84cm，有 36% 被拦截；而第二场降水的规模为 1.5cm，有 30% 被拦截。如果两场降水合计为一场不满 2.5cm 的降水，树木拦截了三分之一的降水。总的来说，其结果与紫丁香树实验的结果相似，也与林业数据库中的文献相吻合。

在第三次研究——波特兰树木比对研究中，一条种有很多树的街道与另一条几乎没有树的街道被用来进行比对。2001 年到 2003 年的 18 个月间，研究人员从各种不同的降水中收集数据。他们发现在小规模降水中，与没有树的街道相比，种有很多树的街道上几乎没有雨水径流。而在中等规模降水中，种有树的街道上的径流有一定增加，但仍少于没有树的街道。这个实验后来没有再更新，从那以后也不再有关于监测树木雨洪管理绩效的实验，人们的注意力转移到了其他绿色设施的研究上。

住宅周边的场地条件有着多种难以控制的额

外变量。这可能是我们已知的，这也是据我们所知这类实验没有在城市区域进行的原因。然而，树木是中小型降水中管理雨洪的有效手段这一结论是显而易见的。

遗憾的是，这些实验中没有直接关于夏季潮湿地区的状况的，而在这些地区，夏季常常有高强度的暴雨。

对成本的考虑

与植物屋顶、墙面和空间相关的许多开支都可以避免。对于设计师和开发者来说，项目后期还可以额外节约成本。一些政府也通过补偿成本来鼓励采用绿色的雨洪管理方法。对于城市来说，这是可行的，因为这种方法不再需要承担额外的开支。

植物屋顶的经济效益

成本管理的诀窍在于研究激励政策和把握机会，为正在进行的运行和维护做计划，并优先设计公用的设施，再根据甲方的选择增加其他内容，这一点对于生态屋顶来说尤其重要。政府逐渐认识到绿色的雨洪管理方式，尤其是生态屋顶，在投入上与传统的、“灰色的”方式基本持平。华盛顿特区是一个很典型的案例，当地的雨洪管理要

明尼阿波利斯标靶中心球馆的生态屋顶上种有三十多种植物，图中呈现的是这些植物种下四年之后的样子

求十分严格，但却缺少可用的土地，因此生态屋顶是最合适的选择。

像俄勒冈州波特兰这样的城市，在基于研究需求的条件下，会为生态屋顶提供贷款，然后会对生态屋顶进行监测，以尽可能接近实际绩效。波特兰市最近为平均 10cm 厚和 90% 植物覆盖的雨洪管理屋顶提供全额贷款。

2005 年，多伦多政府预计在每一个超过 348m^2 的平屋顶上增加绿色屋顶，将会在雨洪和 CSO 减少、建筑能源使用和城市热岛效应改善等方面产生 3.13 亿的直接经济效益。如果算上空气质量的改善，这些生态屋顶每年还能继续产生更多的经济效益。

明尼苏达州明尼阿波利斯的标靶中心球馆 10498m^2 的绿色屋顶完工于 2009 年。按预测，它每年能拦截约 380 万升的降水，同时还使每年的能耗支出降低 30 万美元。这块 1ha 的生态屋顶上有着超过 30 种植物，包括景天科植物和楼斗菜、斑点矮百合、金鸡菊和野莓等明尼苏达的草原植物。能够吸引卡纳蓝蝶的羽扇豆则是其中很少的不能生存的植物品种。也许随着人工土壤逐渐变得自然，屋顶会支持更多植物的生长。

树木的经济效益

许多有关树木的数据都是围绕着节能这一话题展开的。研究显示，每在树木管理上花 1 美元，树木就能通过碳存储、空气净化、径流减少和产权升值等方式产生 4.48 美元的回报（美国河流协会，2012 年）。纽约市估计其将近 60 万棵行道树的雨洪管理价值能超过 3500 万美元。其他城市也对其城市树木的价值作出了相似的估计。我们还需要更多有关雨洪管理经济效益的研究。

植物屋面的设计

在雨洪管理和植物屋顶方面，不同城市之间并没有统一的标准。技术规范会指出应选用的土壤或生长介质和其他屋顶构件。但几乎没有数据能证明生态屋顶在一个特定区域的雨洪管理能力，除了对此有过深入研究的城市。尽管还存在着很多变量，不过越来越多的人认为自我维持的生态屋顶能够拦截略少于 25mm 的降水。

在选择特定的设计手段之前，要牢记系统的雨洪管理能力是受多种变量影响的，其中包括所选的植物与种植介质之间的关系和降水时土壤中出现的湿润物质等因素。然而，除非地方能得到雨洪管理绩效的相关文件，不然对于许多市民来说，以管理雨水为目的的生态屋顶的花费是难以负担的。

对于低技做法的生态屋顶来说，简单是一条重要的原则。经销商推销的那些附加的装饰物并不比简单一两层种植介质更能发挥管理雨洪的作用。当然，如果经销商有可靠的文件能证明其产品与其他产品的不同之处，那就需要考虑一下，尤其是在当地的市民都接受这一产品的情况下。

有许多种方式能使未加工材料的雨洪管理能力变得更强。考虑使用多种成分的介质，例如一

在得克萨斯州奥斯汀的这个生态屋顶上使用了模块化的塑料托盘系统。最初的种植情况不太好。后来，上面的植物经过整改后变成图中所示的新植物，如龙舌兰和草

部分的当地表层土壤、岩石和矿物覆盖物等。低矮的坡地能减缓径流，非禾本类草本植物和草坪草能比多肉植物多拦截一些降水（这两种一起使用可能还会更好）。读者们可能还需要与本地的市民交流一下经验。《整合城市水系统的活性屋顶》这本书能在这方面提供更多指导。

总的来说，许多专家都知道生态屋顶能在一定程度上起到管理雨洪的作用。大多数人也认可雨洪管理介质最适合的厚度是 7.6–13cm。一般认为可拦截 50% 的雨水以及减缓 80% 的径流峰值，但对于那些有更多大暴雨或其他气象特质的城市来说呢？没有什么比本地的数据更有说服力了。

这座实用的生态屋顶于 1983 年修建在瑞士，其中的种植介质厚达 7.6–10cm，种有景天和一些非禾本类草本植物。胸径小于 15cm 的树木和灌木可以在屋顶生长。屋顶上没有进行灌溉，没有使用托盘，却生长了很多的生物

瑞士的一个简单的正在建造的生态屋顶，由土壤、当地的干草和种子组成，还有一层稻草保护

巴塞尔的一个生态屋顶混合种植了景天和其他植被。前景中光秃秃的是刚刚种下植物的新巴塞尔艺术大厦屋顶，植物的种子还在发芽。图片摄于 2013 年 6 月

苏黎世工业区中许多巨大的生态屋顶之一，是欧洲许多草甸状屋顶的典型代表。其他屋顶则主要为景天科植物所覆盖。在图片右上角是被植被包围的暖通空调系统

设计专家们最初为美国设计的植物屋顶系统通常比欧洲的要贵一些。美国人似乎更倾向于规定使用昂贵的膜材料、众多的配件和模数化的系统。而奥地利、斯堪的纳维亚半岛、德国和瑞士等地的实用主义设计比北美的更好。

在设计植物屋顶时，要尽早确定每年维护的花销和建设的经费。与很多景观相同，植物屋顶的维护不会很贵，但它也可以很贵。自我维持的植物屋顶能够减少花销并发挥很好的雨洪管理绩效。设计一些不太实用的装饰物会在建造和材料上花费更多，在后期的使用和维护中也是一样。但如果业主已经了解了这些花费并同意的话，提供这些装饰也是合理的。

你所在区域的其他植物屋顶是很好的参考，向主人或顾问问询从而了解更多与设计、绩效和使用维护费用相关的信息是很有用的。如果你所在的区域没有植物屋顶，就到一个气候相似的、有植物屋顶的城市去看看。美国景观设计师协会、美国绿色建筑委员会、绿色屋顶网站

（Greenroofs.com、Greenroofs.org）以及其他的组织都会提供一些值得借鉴研究的案例。

如果你有机会率先进行这样的绿色尝试，要事先做好相应的调查，尽可能把它做成一个好的项目。因为你所建造的植物屋顶有可能成为别人所效仿的标准。

生物多样性

在欧洲，人们做了大量的工作以探求建造具有丰富生物多样性的生态屋顶的新方法。而对于雨洪的管理却没有给予太多关注，至少是没有达到专注的程度。物种的丰富度和栖息地是主要的关注点（值得一提的是大面积的生态屋顶具有一定自带的栖息地价值），与之对应的还有建设和维护的费用。利用下面这些新技术的帮助，植物屋顶的生物部分所需要的花销正在减少。

就这一点来说，瑞士人和英国人可能是领先

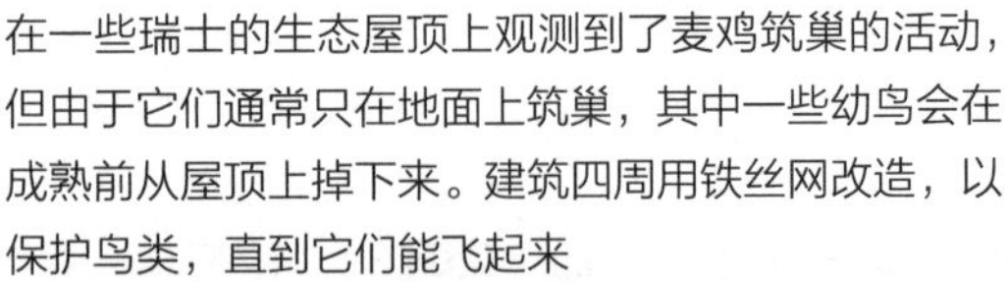

在一些瑞士的生态屋顶上观测到了麦鸡筑巢的活动，但由于它们通常只在地面上筑巢，其中一些幼鸟会在成熟前从屋顶上掉下来。建筑四周用铁丝网改造，以保护鸟类，直到它们能飞起来

苏黎世大学的一个新的生态屋顶上有原木、成堆的大小石块，还有开阔的砾石植被区

瑞士巴塞尔最早的生态屋顶之一，其设计旨在通过应用不同深度的介质，结合各种混合物、岩石、砂砾以及植物来增加生物多样性

伦敦一座新建的高层建筑，上面是使用岩石、原木、多种土壤和植物的生态屋顶

摄于 2006 年。这座位于伦敦一家舞蹈工作室顶上的生态屋顶上基本都是碎石砂砾和一些本土植物

第一个红煤渣生态屋顶安装在波特兰的一个小泵站上，之后无人看管。两排 31cm 宽的水平圆形河砾石形成波浪形的轮廓。植物种植于 2010 年，图片拍摄于 2015 年

摄于 2013 年。舞蹈工作室的生态屋顶。不知道为什么，天窗被绿色的材料覆盖起来了

的，尤其是来自苏黎世大学的斯蒂芬·布伦内森和来自伦敦的达斯蒂·格奇。运用现成的土壤而不是经过加工的介质，是其中一种方法。土壤有时候铺在排水层上，有时也可以不要排水层。种植主要通过广泛播撒的种子实现，再在上面覆盖稻草。稻草能促进种子发芽，并使其免于风雨的侵蚀。另外，这些屋顶通常还带有木材、石头和其他各种人工或自然的材料，以提供各类生物的栖息地，尤其是昆虫。只要你建造了，它们就会来。

英国的一些项目建于 20 世纪 90 年代。生态屋顶网站（Livingroofs.com）的创立者达斯蒂·格奇设计了一种“橡胶屋顶”，为濒危的黑羽红尾鸟提供栖息地。格奇和他的同事一直在研究各种不同的方法以使生态屋顶成为这种鸟和其他野生动物的栖息地。由于伦敦目前所面对的巨大而复杂的下水道问题，栖息地营造和雨洪管理在未来几年内可能会受到越来越多的关注。

红煤渣景天屋顶

红煤渣景天屋顶发源于俄勒冈州的波特兰，它采用两条基本的、但是与美国西部的绿色屋顶标准相反的设计原则。第一条是，除非植物在夏天播种，并且降水在秋天才开始，否则不进行灌溉。第二条是，如果景天死了，在雨季开始时可以种下新的，但是无论植物生长状态多差，都不

第二个红煤渣屋顶是在波特兰的一个放映室上建造的，以在干旱夏季来临之前的春季测试植物的种植情况。植物种植于 2011 年 4 月，图片拍摄于 2011 年 8 月

2015 年的未经灌溉的放映室生态屋顶

2011 年 8 月放映室生态屋顶上的植物和覆盖物。景天枝条插在红煤渣上。图中的花茎是针叶万年草

进行灌溉。

这种设计十分简单，它由湿润的垫子、土壤和种在红煤渣上的景天组成。它就是这样的低成本、低维护的植物屋顶，它能自我维持，并保护防渗膜，管理雨洪，提供栖息地，还不需要灌溉。

尽管这一设计不需要灌溉，但水却是各部分背后的驱动因素。植物系统进行雨洪的管理，并通过使用遮阳技术来保有水分，减少土壤表面和内部的升温，以此支持植物的生长。红煤渣上的景天能够长期延缓其他植物的生长。这种设计可以在改造后应用于任何屋顶或防渗膜。

景天屋顶

基础的红煤渣或其他生态屋顶可以通过简单增加其他植物或材料的方式，扩展为更复杂的生态系统。这些增加的东西在雨洪管理能力方面有益处，还能增加美学价值和栖息地丰富度。

如果有需要的话，增加生态屋顶植物多样性的一种方式是选择播种一些允许其他新增植物生长的植物。增加屋顶基质的变化也有助于植物多样性的丰富。

为了在设计中增加花的元素，我们需要在增加矿物覆盖物和景天的插枝之前，在土壤的表层种下球茎或种子。在很多气候条件下，球茎能在没有灌溉的情况下存活。郁金香、水仙、洋葱、

俄勒冈州波特兰市的塞尔伍德泵站的红煤渣生态屋顶。周边的环境和屋顶都没有进行灌溉。植物种植于2012年2月，图片拍摄于2012年11月

塞尔伍德的生态屋顶在安装一年后的8月里呈现出褐色、干枯的景象，但在花架的阴影和午后的树荫下，景天仍然活着。在图片的前景中，干草被割掉以消除火灾危险。下雨时，草地和生态屋顶会再次变绿

2015年6月，塞尔伍德的生态屋顶上覆盖了密集的景天。在过去的45天里，屋顶上只有1.3cm的降雨量，这在5月和6月是非常干燥的。在没有灌溉的情况下，这些红煤渣屋顶在2012年夏季103天的干旱中幸存下来，这段时间的降雨量为0.5cm，另外，它还在2015年夏季，平均气温为6月至9月最高纪录的条件下生存下来

卡玛斯、葡萄风信子等植物的球茎会在春天开花，然后在下一年到来之前保持休眠。

遮阳

采用多种方式给屋顶上的植物遮阳或降温能够减少或消除灌溉的需要，并提高植物的存活率。遮阳是景天科植物和其他植物生存的关键。例如，多肉白霜在很多波特兰的生态屋顶上长得不好，不过在其原生的被树木遮挡的自然环境中，它可以在没有土壤和夏日降水的情况下在岩石上生长。

另一种制造阴影的方式是将生态屋顶与光伏板或太阳能热水板相结合。不仅景天科植物能从中受益，其他植物也能在有一定遮阳的条件下忍受严苛的屋顶生存环境。

代替灌溉的矿物覆盖物

虽然文中提到的波特兰项目使用的是低成本的、现成的红煤渣覆盖层，但其他材料也是可以使用的。我们的目的在于为土壤提供一种保护性的、可长期持续的材料保护层，它不仅要能保湿，还要降低土壤的升温。当土壤的温度过高时，植物会死亡。

矿物覆盖层是植物屋顶稳定的基础，还可以保护植物。它的使用寿命很可能比其他所有的部分都要长。它质量很轻，粗糙的表面固定在牢固、轻巧的屋盖上，即便在风力很大时，也不会被吹走。这种覆盖层能够吸收雨水，在降水过后能迅速地使水分蒸发，甚至在冬天也能发挥这样的效果。有些专家还建议用浅色的覆盖层以降低升温。

矿物覆盖层还能为种植介质提供长期的结构保护，防止风的冲击、侵蚀与压实。松散的结构在炎热的夏天能让空气流动，减轻温度对植物的影响。它覆盖土壤并降低升温，从而减少水分蒸发并保持土壤低温，更适合植物生长。

由于其保湿性能良好，美国西北部的红煤渣屋顶不需要灌溉。如果这种或者更出色的设计，能在无需灌溉的条件下进一步发展，它就能使所有夏天气候干燥的城市受益。目前为止，这一设计的变形正在美国其他地区进行试验。

这种材料在许多地区都是充足并廉价的。在没有这种材料的地方，设计师可以考虑其他具有相似特性的惰性材料，比如说砖的残渣或者黏土。要注意，有的材料中的污染物会随着径流泄露出来。另外，在大规模的项目中使用前，最好进行相应的测试。

建筑设计的注意事项

与建筑有关的注意事项包括结构系统、屋顶坡度和方向、防水层和保温层、排水系统的材质、屋顶渗透和反射表面等。如果要在一个现有的建筑上安装绿色屋顶，应该事先咨询一下建筑师或结构工程师（或二者都咨询），以确定建筑的承重能够负载完全浸透的绿色屋顶。

如果绿色屋顶是装在一个新的构筑物上，建筑师或结构工程师会根据所选的生态屋顶种类决定结构设计。相反地，现存的或新建屋顶的承重能力也会是决定绿色屋顶种类和可选择的土壤厚度的关键因素。例如，在波特兰的一处新住宅，购买者想要能够承载每平方英尺 15 磅（6.8 千克 /0.9m^2）重量的生态屋顶，建造者咨询了建筑师和结构工程师，他们经过计算后得出原始结构无需改建就可以承载这种生态屋顶。

屋顶的坡度与坡向

屋顶的坡度和排水是植被覆盖的重要注意事项：坡度能确保主动的排水。平屋顶是最佳的并且是最简易的。在美国，平屋顶一般有 1%-2% 的坡度，而理想的坡屋顶应有 20% 的坡度。10%-45% 甚至更陡的坡度也是可行的，但需要在结构上增加构件从而使得土壤保持在固定的位置，而这会导致项目开支的增加。在坡度小于 10% 的情

在建筑环境中，光照管理是很困难的。图中的生态屋顶被一栋相邻建筑遮蔽，而另一栋建筑则将光线反射到植被上。这些反射光会损害植物；一种解决办法是用一层薄薄的石头盖住死去的植物。这样可以保护土壤，并使一些植物复苏

况下，生态屋顶的安装不需要额外的支撑。

屋顶朝向或者面对日照的方向会影响许多植物的生长存活。在西半球，屋顶应该朝向北边或东边，保证屋顶上不会形成酷热的气候，在夏季的时候也可以减少或者最小化灌溉的需求。然而这一点通常是不可能做到的。幸运的是，许多植物都能在很大的温度与光照变化范围内生存，不过它们在不那么炎热的屋顶上能够更健康地生长。

除了屋顶的朝向，上方建筑的玻璃所导致的强反射，或者在高强度的开发条件下，街对面的建筑在一年中某些时候会影响到部分的绿色屋顶。反射可能会导致一些“热斑点”的产生，其中的光强、热量和湿度跟其他区域会有不同。植物种植设计应该将这一效应列入考虑范围。在许多的项目中，最好的种植就是不进行种植，只需要简单地用岩石或者其他的坚固材料覆盖土壤，让植物找到适合它们生存的地方。

寒冷气候下的排水

屋顶排水管通常安装在高楼大厦或者其他平屋顶建筑的内部，在单层或多层的建筑的外部，有时候会装在平屋顶或坡屋顶上。在冰雪会堵住排水口的地方，冻融效应也是需要注意的。在寒冷地区设置一些紧急溢流口或类似装置是很有必要的。选择有很多，不要被城市法规所误导。

在某座城市中，有一处设计让径流从女儿墙的开口处沿侧面悬挂的排水管排出。这种方式导致了在冬季风暴后立即迎来温暖降雨的情况下，在女儿墙朝着排水管的开口上会形成冰坝。融化的雪和下落的雨水逐渐累积，达到了女儿墙的最大高度，就会溢出到下方的墙体和地板上，对建筑造成很大的损伤。

许多建筑师特意增加了一条规定，将女儿墙上的洞从底部到顶部都做成“炮楼式”的开口，让所有汇聚的水都能从开口中流出去。累积起来的碎屑有可能在任何气候条件下堵住屋顶的排水口，因此要规划好紧急排水。

生态屋顶上的外部排水口和落水管，在女儿墙上有一个用于紧急排水的开口。水漏到墙上，说明它可能堵住了

苏黎世的一个简易的屋顶排水口。这种类型排水管道在建筑物内部穿过，是无数的屋顶排水装置之一

尽管这不是一个与排水直接相关的问题，但是要注意尽可能减少从普通屋顶排到植物屋顶上的水。普通屋顶上的雪比植物屋顶上的融化得快一些。如果让融化的雪水流到植物屋顶上有可能导致土壤冻结或水分过饱和，甚至引起结构的倒塌。在有关排水的方面，要做好最坏的打算。考虑额外排水量的设计能够有效延长屋顶的寿命。

防水膜与保温层

保温层可以安装在建筑内部的屋面板下方，还可以在防水层下面，或者防水层上面。这几种方式都有支持或反对的人，使得这个话题复杂而充满争议。没有使用过保温层的设计师应该咨询一下使用过的人。简单来说，植物屋顶可以用于以上任何一种设计。

市场上有许多可以买到的防水膜产品。设计师应该因地制宜地考虑防水膜的选择。安装在防水层上方的保温层需要两层防水，在保温层上面还需要额外的一层膜。安装在防水层下方的保温层在材料选择上有一些限制。而安装在建筑内部屋面板下方的保温层则不会影响对防水层材料的选择。

有的时候最好的材料就是现成的或原有的材料。在一个案例中，有位设计师想要回收利用一些旧地毯，他提出了用种植介质和景天覆盖地毯的方法。这是十分简单易行的。然而，真正的考验在于如何在已有的防水膜上增设植物屋顶。在2005年植物屋顶安装之前，这座建筑已经过结构承载力的检验，防水膜也进行过多次修补。这证实了植物屋顶可以安装在某些已存在的防水膜上。生态屋顶通过减缓热胀冷缩和光降解的方式增长防水膜的使用寿命。截至 2015 年，这个生态屋顶和建筑都没有出现任何问题。

项目负责人和顾问同时应该核对防水膜的标准规范，以确定其适应所选用的材料。如果设计方案中用到改性沥青，那么防根穿刺层则是必需的。在选择隔离材料时，需要证明其有效寿命（至少 40 年），以及污染物不会从产品中渗出。不要使用化学浸透的材料，它会渗漏杀虫剂、铜和其他有害物质，并且可能无法延长防水膜的使用寿命。你无法能想象一种化学材料在释放了 20 年的有害物质后，树木和其他入侵植物开始大量生长的画面。

植物的根积聚在膜顶部的防潮垫材料下。这个小型试验项目中没有使用排水垫。8 年后，生态屋顶被拆除，其中的薄膜、垫子和沉积物都还能正常发挥作用

排水材料、收边、托盘与保湿垫

不论是排水垫还是保湿垫，都能为防水膜层提供保护。只需要在这两者之间选择一种就行，不必同时选用。砾石排水管是穿孔管或排水垫的一种常见替代方案。然而，在许多的实例中，排水系统都十分简单，整个植物屋顶仅仅由防水膜、土壤和植物组成。

传统方式中，绿色屋顶是开放的露天系统，不使用托盘。而现在，未使用可回收塑料托盘的屋顶系统却无法通过 LEED 认证，即便它的成本比带有托盘的系统更低，且表现更好。我很奇怪为什么要在不需要的情况下使用塑料呢？

现在市面上有一种长着半成熟植物的托盘，它对生态屋顶的帮助并不大。这种托盘在美国很受欢迎，但是在欧洲，过去数十年中都少有方案应用了这种托盘。这可能是由于成本较高，也因为使用托盘的实际效果并不如开放植物系统。

目前来看，托盘似乎很容易被人们所接受，因为在北美，人们还没能很好地理解绿色屋顶。设计师和业主以为使用托盘系统可以抵御屋顶渗漏的风险。他们认为，托盘不仅美观，还可以使建筑符合 LEED 的标准。另外，业主还能在渗漏或者需要进行维修时移动托盘，如果对屋顶不满意，还可以将托盘完全移除。这些人一直喜欢在

安装屋顶的时候就使用完全成熟的植物。

然而，无论怎样理解，这些说法都不足以支撑在开放场地系统上花费额外费用去使用托盘。根据我的个人经验，说托盘系统更容易拆除只是猜测，并没有研究可以证实这一点。作为曾经拆除过生态屋顶的人，我的经验是，只会相对轻松一点而已。

当出于收边或其他任何目的而在绿色屋顶安装过程中使用原始材料时，本地的材料是较好的选择，除非这种材料十分稀有。回收再利用的材料相较于新的材料来说是更好的，但在不需要材料的时候，再利用材料并不是一种可持续的做法。经济问题和环境问题，再加上各种复杂的评级系统，使材料的选择充满了挑战。

通风孔的设计应避免损害生态屋顶上的植物，尤其是热通风孔。在这种情况下，可以采取在土壤顶部覆盖砾石的办法，这同时能起到保温的作用，或者调整通风口的位置

屋面排水与女儿墙

好的植物屋顶设计应该整体考虑，包括贯穿整个屋顶的所有设备和结构件。设计中需要协调保温、通风隔热、开洞、采光、窗户清洗接口以及其他结构的关系。由于这些部分的大小存在差异，有的情况下它们会对植物设计的微气候或遮阳效果产生特殊影响。

建筑上排水口的细节也是十分重要的，要保证它们被放置在足够的高度上，以满足生态屋顶对土壤厚度的要求。另外，还要设计热通风口，通过覆盖岩石或矿物以保持植物干燥。生态屋顶还可能与太阳能板相连接。实际上，由于周边植物降低了板面的温度，太阳能板通常能更好地发挥作用。

女儿墙常常用于屋顶坡度较小的商业建筑或车库中。它们通常是建筑边缘墙体的延伸。就像屋顶贯穿件一样，女儿墙的高度也有不同，从最低的 107cm 到更高的高度，以防止人坠落，有时还起到美观的作用。

通常情况下，女儿墙和其他垂直设施周边使用 15-31cm 宽的石料收边，保证排水顺畅。在排水孔和排水沟处的石料收边则需要 61cm 宽。由于有许多人造物的替代选择，有些排水箱的设计不需要任何石料。在人的使用频率大于一个月一次的地方或者需要整齐表面的地方必须要铺设卵石或者铺装路面。大多数的景天科植物则可以承受两个月一次的步行踩踏。

灌溉

我们需要更加努力地探索设计出在各种气候条件下都无需频繁灌溉的植物屋顶系统。应该尽可能地避免使用机械灌溉系统。排水口和管道会阻塞或故障。由于风的作用和器械的特点，表面材料的覆盖会是不均质的，导致有些区域会相对干燥，从生物多样性的角度来看这是好事，但这也很可能导致维护时的过量灌溉。

这一章前面提到的瑞士生态植物屋顶证明了生态屋顶的设计可以很简洁，不需要灌溉，也不需要施肥。大自然会帮你完成所有的工作。每个地区都应该创造或发现最适合当地气候的屋顶系统，干旱和半干旱地区也不例外。诚然，在极端炎热干旱的地区，这将是一个巨大的难题。

这就是说，人工灌溉可以扩大植物的选择范围，这是一些设计师和业主会考虑的问题，这些人不介意一个一年中大部分时间都没有出现"绿色"的绿色屋顶。灌溉系统会增加长期的整体维护开销，并且在项目开始时，它就需要更多的材料与人工花费。

滴灌、喷灌和高压水雾灌溉系统是可靠而有效的，尤其是只在植物生长初期使用的情况下。系统的构建过程中还应该考虑到场地的特征，例如城市建筑屋顶上的风等。举例来说，在不使用许多紧密间隔的管道的情况下，屋顶上排水状况良好的土壤不会将水分吸进周围区域，此时滴灌系统的效率可能是最低的。当然，最好的方式就是通过优秀的设计避免使用复杂且耗资的灌溉系统。

绿色屋顶的灌溉情况应进行仔细的评估，因为引入的水可能会引起土壤饱和，使得屋顶雨水滞留量减少，从而在不下雨的情况下产生径流。这导致屋顶建成后不必要的麻烦和不理想的结果。许多有灌溉的植物屋顶上会由于过度灌溉而产生径流。注意灌溉的量对于屋面的雨水滞留绩效来说至关重要。

无保护的、干燥的植物屋顶在建成初期可能是疏水的，这在降水开始时会影响土壤对水分的吸收。解决这一问题的一种方法是用矿物覆盖植物屋顶，例如波特兰的红煤渣覆盖层。煤渣有助于缓冲第一次季节性降雨，在干燥的土壤上形成数千个小垫子，起到减弱雨水冲击的力量，并将其逐渐分配到下面的土壤中的作用。

绿色屋顶所在地的季节气候条件影响着屋顶建成初期是否需要灌溉。如果你想要进行灌溉，尽量使用循环再生的水。收集雨水对下游的水源需求存在影响，例如脆弱敏感的溪流和其他水体等。因此在使用循环雨水时需注意，其他物种与人类一样需要雨水。

植物

优秀的植物种植能起到多种作用。这些植物能够进行光合作用，将二氧化碳转化为氧气，拦截雨水，过滤并蒸腾水，减缓径流，保持水土，遮蔽并保护土壤和基质，减少其热量的吸收，减少杂草的入侵，并可为鸟类、蜜蜂、其他传粉者和无脊椎动物提供栖息地和花朵。

世界上存在着许许多多可供选择的植物，所

以最好要参考一些经验法则。以下这些都是基于自然优先的前提和使生态屋顶形成自我维持能力的目标而提供的一些经验。现在，我们要抛开审美与个人喜好的影响，做出符合自然规律的选择。同时要结合业主的要求，选择适合的实现方式，或者向业主解释，他们的方式将花费大量的建造成本和更多的维护费用。

第一条法则是要考虑地区的生境类型，但记住这些生境并不是哪里都适用。在太平洋西北部，针叶林占主导地位，但树木不能生长的地方，如岩石裸露处，则被大量景天科植物、苔藓和草类所占据。在美国中西部和蒙古大草原，牧草占领了大部分土壤条件较好的地区，而这种生境的原型却能在土层瘠薄的地方找到，但需要分辨是否是相同物种的草本植物。

第二，给植物和土壤一定的磨合时间，使它们联结在一起。许多植物能够适应各种环境，在几乎所有种类的土壤或种植介质中都能生存繁衍，但要记住，在初期，人工介质不是成熟的土壤。植物和土壤需要时间来协调结合。让它们共同演变并接受产生的结果。我们很难准确地预测什么植物在屋顶上会生长旺盛，通常只有时间才能告诉我们最适合屋顶条件的品种。多样的植物种类和矿物覆盖层有助于自我维持生态系统的形成，尤其是在没有灌溉的条件下。

第三，在你所在的区域中寻找一个最能代表你理想类型的生态屋顶。它的重量、植物、土壤还有外观是否可以相比？它的植物是否成熟，换句话说，是否经过了至少 5 年的生长。它需要何种程度的维护？如果它不适合当地的环境特征，它是否正在改善？它是否需要人工维护来保持其完整性？

得克萨斯州奥斯汀的屋顶花园

第四，在你所在的区域中寻找一块土地作为你的模板，即便这块土地可能是被人类所忽视的。在伦敦，一处由泥土、岩石、砖头和其他材料组成的碎石屋顶模仿了一片自然地，上面有各种杂草，以及适合赭红尾鸲栖息的各种本土植物。很多项目在早期呈现出这种面貌。换句话说，创意的大门始终开放，只要不墨守成规就会迎来惊喜。

多肉植物

以下是关于景天科植物和其他相关多肉植物的一些说明。景天科植物是地球上最具有耐受力和恢复力的植物。与苔藓搭配在一起，它们就能在没有灌溉、土壤瘠薄，日照强烈的屋顶上生存下来。我们在波特兰观测记录的场地只有 1.3cm 厚的土壤和卵石。

景天科植物十分便宜，有各种各样的外形、叶片、花色和尺寸，还原产于许多地区。许多景

加利福尼亚州大学戴维斯分校生态屋顶上主要是多肉植物

摩洛哥的波纹钢屋顶上生长着本土的莲花掌。有时大自然会告诉我们答案，哪种植物是最合适的

俄勒冈州波特兰以景天为主的生态屋顶上的一只小鸟

在俄勒冈州波特兰干燥的夏季，一只幼年的红尾鹰在红煤渣景天屋顶上生活。在今年其他的时间中，屋顶将会是一片茂盛的绿色

肯塔基州的生态屋顶上郁郁葱葱的绿色植物。与夏季干燥的地区相比，夏季潮湿地区的绿色屋顶更多见

哥本哈根一座建筑上的充满自然气息的植物

得克萨斯州奥斯汀市一个公共汽车候车亭的生态屋顶上的本土植物霸王树（仙人掌的一种）

俄勒冈州波特兰的冈德森工厂一座新储藏室的生态屋顶。这是该地迄今为止四个生态屋顶中的一个。这些屋顶没有经过灌溉；放置有木材和岩石以增加生物多样性

天是常绿的，还耐阴，非常能适应一些植物屋顶上的微气候条件。在景天不能很好生长的地方，上面所说的那些特性是选择替代植物时需要考虑的。各种球茎和多年生草本植物也能在没有人类打理的情况下在屋顶生长。

种植介质

本地经过试验并成功的种植介质是最佳的选择，但也不要忘了发挥创意，在时间和成本允许的条件下，多收集信息以探索更多的可能。瑞士人已经试验过许多种植介质的选择。根据我多年在自己后院的试验结果，两者有一定区别。

2007-2012 年间，我试验了 5 种带有我自己探索的混合物的波特兰主要种植介质。我在带有 5cm 厚的种植介质的试验托盘中种下了各种景天科植物。托盘都摆在全日照条件的桌上，并且没有进行灌溉。市面上的种植介质价格为 35-100 美元 / 立方码（$0.8m^3$）不等。其中一些据称符合德国景观研究开发和建设协会（FLL）的标准。

可以猜测到的是，最贵的介质被吹捧得很好。而我的实验结果是如何反映这一情况的呢？所有的景天都存活了下来，其中一些的生长状况更好。值得一提的是，在 100 美元的介质中生长的植物并不是最健康的。

由于有着这么多不同的产品，你需要让公司的代表展示使用了它们产品的生态屋顶（至少要历时 5 年），以确定该产品是否符合你的需求。当然，在某些情况下这家公司没有 5 年以上的案例记录，在这种情况下你就需要根据常识判断。不要忘了把你的经验和他人分享。

生长介质是雨洪管理系统很大的组成部分，它为植物提供了生命保障系统，也为帮助管理雨洪的植物根系和微生物提供了生长环境。市场上出售的土壤、混合物和基质种类几乎与植物一样

马里兰州斯特里特的绿色植物试验屋顶。每个屋顶上都种有相同的植物，但组合不同。一年后，不同屋顶上的植物有明显的差异

三种不同混合介质和深度的区域。土壤最浅的区域被景天所占领。土壤深度的增加导致草密度的增加和景天的减少。这些地块没有灌溉。照片摄于早春。该研究由波特兰和苏黎世大学合作开展

瑞士的一处坡屋顶上的试验田

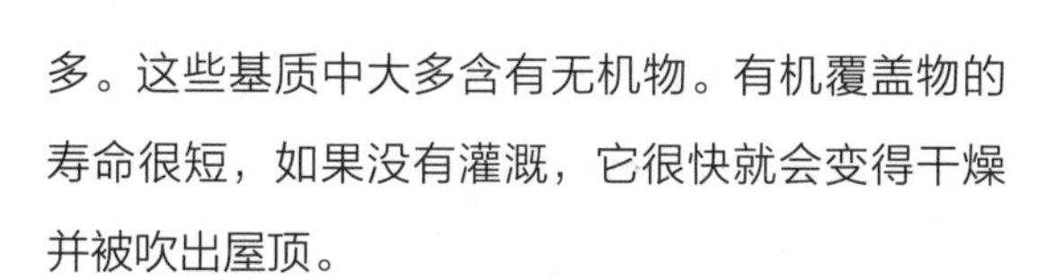

多。这些基质中大多含有无机物。有机覆盖物的寿命很短，如果没有灌溉，它很快就会变得干燥并被吹出屋顶。

介质厚度可根据结构原因（重量）进行调整，以增加生境效益，或容纳更大的植物。对于新建筑和改造建筑上的非灌溉景天种植装置来说，7.6-10cm 的中等深度的种植介质就能很好地起到管理雨洪的作用。

这时你可能会疑惑为什么不能使用传统而好用的表层土。实际上，如果你提前设计好的话是可以使用的。每英寸（2.5cm）表土会在每平方英尺的面积上增加至少 10 磅（4.5 千克 /0.09m^2）。这种材料上的节省可能会被增加的结构要求所产生的成本抵消。但是，也许 5cm 的泥土就可以起到与 10-13cm 的生长介质同样的作用。

墨尔本的这个生态屋顶上有木材、岩石和澳大利亚旱地植物，当地的月降雨量相对均匀，为 5cm

其他的景观材料

屋顶上使用其他的材料可以增添空间的视觉丰富度，创造生物栖息地，并产生美的效益。为了创造额外的景观特色，可以将土壤、岩石或原木堆砌起来，要注意不要超过屋顶结构的承载极限。在屋顶上能被看见的地方，可以增加一些艺术作品或元素，以形成有趣的视觉构图或图案。木屑，甚至像旧鞋子和瓦砾之类的东西多少都可以起到滞留雨水的作用，为昆虫、鸟类和其他生物创造空间。

在生态屋顶中使用这些东西的益处还没有被人详细研究过。然而，我曾与一个瑞士的植物屋顶生态学家共同走访过一个场地，他对这些东西对某些物种有益这一观点持乐观态度。人类的垃圾可能是鸟类的财富。

植物墙面的设计

尽管目前有许多能给人带来美的启发的种植墙面，但管理雨洪效果最好的种植墙面设计还有待进一步研究。对这种系统来说，水的输送和分配至关重要。而同时，许多因素可能会阻碍水的流动：叶片、流动路径上的沉积物、筑巢的鸟或其他生物。根据目前已知的情况，为实现其管理雨洪的功能，植物墙面可能需要进行高强度的维护。

目前，雨水的导流设计可能存在两种方法。一种是沿墙种植一层植被，从不透水的表面捕获水流，与植物屋顶类似。另一种方式则是在墙面上混合布置一系列的允许水流通的种植池，可以拦截来自屋顶的不透水区域的水流。在陡峭的地形上，这些东西也可以沿着挡土墙安装。实际上，应该还有很多将这些系统设计得高效且降低成本的方法，无数的专家学者们正在试验这些不同的设计方案。

结构上的分析和设计是必要的，以确保墙壁能够负担系统的重量。还需要考虑防水、隔热和其他的建筑材料。该系统可能在通风口、窗户、太阳能电池板、机械或暖通空调系统以及垂直墙面上的其他装置周围工作。另外，还要考虑场地是否对公众开放。我们的选择是无限的，包括各种形状的制造材料、尺寸、成本、定制设计和安装模块或现场组装件等。

尽管垂直植被系统可以捕获和再利用雨水，但它们很有可能需要机械灌溉系统，这方面也基

本抵消了其滞留雨水和节水的能力。它还需要高强度的人工维护，这就增加了使用和维护的成本。

毫无疑问，植物墙面能够提供美学和生态效益以及额外的生物栖息地，还能起到节能、遮阳、保护建筑外壳和降低城市热岛效应的作用。所有这些都是值得称赞的，但作为一种雨洪管理手段，其益处还需要进一步的证实。

植物种植池的设计

过去的 100 多年中，建筑师和景观设计师已经出于各种不同目的设计了许多种植池。现在是时候将设计范围拓展到专门的雨洪管理中了。

除覆盖没有使用需求的不透水表面外，这些种植池还需要尽可能大的表面积，以最大限度地捕获雨水。它们可以建造在公共道路上，也可以建造在私有房产上。它们可以被设计成各种外观、大小和深度。目前还不清楚是否有人测量过不同土壤深度的种植池的持水能力。我的建议是至少

在西班牙巴塞罗那，树木和灌木覆盖着这座建筑的墙壁和屋顶。对于越来越多的专业或非专业人士来说，这是理想的建筑设计理念

沿着这座公园的两排皂荚树成熟后，会形成茂密的树冠。叶片结构和落叶时间会影响雨水的拦截

加利福尼亚州戴维斯市的一条老街，街道两旁绿树沿着植草沟种植，起到雨水输送和过滤的作用，树木则为人行道遮阳

瑞典马尔默的经过修剪的树木。这不失为一种增加雨水拦截并减小树冠体积的好方法

需要 46cm 的深度，还要留出 5cm 以起到储水作用。

而植物的选择是十分广泛的，取决于土壤的深度和计划好的维护与使用方式。参考生态屋顶和雨水花园部分所提供的信息以帮助做出植物的选择。

数十年前种下的树。如果没有这些树的话，将会有额外数百万加仑的雨水流入俄勒冈州波特兰的废水处理厂

树木的设计

遮阳与拦截雨水，是树木在雨洪管理方面两个最重要的功能。

首先，要从场地评估开始。周边是否有生长健康的树木，它们又是怎么种植的呢？现有的土壤和地下条件是怎样的？城市的土壤情况可能十分复杂，尤其是在城市更新地区。

注意场地中存在的任何限制。许多城市都有具体的条规限制和土壤种类，以及经批准的行道树品种。有时这些规定已经过时了，你需要努力地让别人接受你认为的效果更好的植物。

一般按照平日项目中的方式排布树木位置。然后再考虑在遮蔽不透水表面的方向上优化设计方案。尽管透水铺装覆盖的路面不像其他路面升温那么快，但它也需要树木遮蔽。当然，任何可以通过设计避免的不透水空间都不需要被遮蔽，因为透水的表面比树木更能吸收雨水。

考虑使用大型树木或密集种植大量小型树木以将遮阳和拦截雨水的效果最大化。在冬季降水集中的地方，用常绿树木拦截雨水是个很不错的

巨大的橡树遍布新奥尔良的公园大道。新奥尔良市有一个独特的地方：雨水必须要被抽送到市外。树木每拦截一加仑雨水，该市就能节省一笔抽水费用

俄勒冈州波特兰市的一个商业区，这些开花的樱桃树拥有充分的生长空间。雨洪管理状况良好

加利福尼亚州阿纳海姆，沿街成行种植着棕榈树。由于叶子能把水引到树干上，这些树能比普通的树吸收更多的雨水

选择。如果条件允许的话，尽量不要使用会大量掉落种子和果实的树木，如枫香和七叶树。即便这些是本土树种，对于城市空间及其使用维护都不是一个好的选择。应当选择适合的本土树种，因为它们与本土的鸟类和昆虫之间存在一定联系。尽管当前关于这一问题的相关信息不多，但本地的野生动物可能无法与外来树木相处，在城市环境方面，这一问题需要更多的研究。

不幸的是，目前还不存在一本设计指南来告诉相关专业人士，在许多影响城市的雨水问题中，他们应该种多少树木，以及应该使用哪些树种。基于目前的经验和研究，我们发现针叶树通常具有最佳的效果，其次是常绿阔叶树，最后是落叶树。一般来说，成熟时的树冠越大，雨水截留量就越大，树荫覆盖的不透水范围也越大。

施工建设

屋顶

规划施工顺序对于确保材料、设备和劳动力的有效使用至关重要。植物屋顶项目是一个额外的工程，但好的设计师和总承包商能够找到最佳的方法，把它们融入施工过程中。这对于新的建设项目来说尤其重要，因为在这些项目中，如果等到建设完成再来布置屋顶，起重机（一笔巨大的花销）可能已经在现场闲置一段时间了。

2011 年完工于波特兰的拉蒙娜公寓是一个典型案例。即便 2 月才开始种植植物，总承包商在 11 月就用起重机将土壤堆放到屋顶。通过这种方式，他省去了在冬天一直将起重机留在现场（或者更可能的是，把起重机再调回来）的数千美元成本。

由于波特兰冬季持续温和的降雨（而不是强烈干燥的大风），土壤得以被放置在建筑物的顶层，并保持原位。在春季到来时，施工队就能用场地中的小型提升机将植物运输到屋顶，一方面等待种植植物的合适时机，另外还省下了成本。这该归功于好的施工把控还是仅仅是运气好呢？可能二者兼有，但在施工安排上多考虑一点往往才会有好运气。

种植池

种植池可以当场建造，也可以从经销商手中买到。大多数的景观设计师都熟悉种植池的选择。许多承包商都负责种植池的安装，所以在建造方面没有什么特别之处。土壤和水流分配是关键的功能问题。

树木

树木的种植已有上千年的历史，世界各地都有不同的技巧，但主要的规律是处处适用的。在一年中最有利于树木存活生长的季节（通常是秋季）种下树木。保护树木免受风的侵害。按照前文所说的方法去确认现场环境条件。

与黑色屋顶相比，反射式屋顶可以降低城市热岛效应并给建筑降温，但它们不具有雨水管理、冬季隔热、栖息地或美学价值的功能，也不能延长屋顶的使用寿命。而且为使其保持最佳性能，必须清除上面的微粒和碎屑

运行和维护

目前有许多不透水表面的植被覆盖方案，每一种都有不同的运行和维护方式。设计师应该考虑自然演替、场地的生命周期以及所选择的物种。有的地方需要定期重新种植，另一些地方可能需要修剪和除草。

温暖而冬季少雨的地方，如墨西哥城和佛罗里达，需要解决如何在温暖干燥的冬季保证植物生存的问题。在加利福尼亚州南部等半干旱地区，屋顶的植物可能只能在春天存活几个月甚至更少的时间，在剩下的时间里，除非屋顶要进行灌溉，否则就在屋顶覆盖一层稳定的矿物质，以降低阳光暴晒与风力侵蚀的危害。

以下是两种基础的，夏季干旱地区无需灌溉的红煤渣屋面的运行与维护方式。一种方式是只种景天科植物，另一种则可以让其他植物在屋顶生存。

纯景天屋顶

这种无需灌溉的纯景天种植法在安装了光伏太阳能电池板的屋顶上具有很好的效果。景天矮小，耐踩踏，绝大多数景天都不能长到挡住电池板阳光的高度，并且几乎不需要管理维护。由于屋顶不需要灌溉，所以就不存在灌溉系统维护或者水电开支，这就省下了使用维护方面的一部分开支。

随着时间推移，各种杂草会在屋顶上生根发芽。因此维护只有景天的屋顶就需要每年进行除草，这又取决于气候、杂草来源和季节性降水等因素。每年要在杂草结籽之前的春末和雨季幼苗开始发芽的深秋进行除草，每 1 万平方英寸（929m^2）的面积大概要花一个半小时。苔藓和地衣也会在屋顶上生长，不过不用理会它们。在屋顶的使用寿命之内，不应使用除草剂（或肥料）。

在明显的植物大面积死亡情况出现时，有必要在秋天进行补种。补种的区域不需要灌溉，而要等待秋雨来临，并在晚秋与初冬重新检查植物的情况。许多空地都很有可能重新长满景天。波特兰的四块红煤渣生态屋顶至今都没有补种过，尽管当中存在一些裸露的空地。

一些植物可能会因为建筑的影响而死亡，例如通气口排出的风、玻璃和女儿墙反射的热量等。这些区域应该用矿物层覆盖以保护土壤和未来出现的植物。要保证有足够的煤渣或苔藓覆盖物保护下面的土壤。同时也要考虑用鹅卵石或其他稳定的材料保护土壤，确保这些材料能抵御可能出现的强风。这些做法是为了避免植物受到损害或死亡。

鸟类在植物屋顶上筑巢是可能并可喜的。由于维护是在鸟类筑巢的春季，注意不要干扰那些鸟巢。保持至少 4.6m 的距离，在此范围内，任何杂草和不想保留的植物都不要动，等到夏天大多数鸟类离开后再处理。

自然式景天屋顶

允许除了景天以外的植物在屋顶上生长能够减少人工维护，增加生物多样性，并提高雨洪管理能力。其他植物中可能包括较高的会遮住太阳能板的植物。然而，由于这些植物具有更大的叶片、根系和枝条，它们拦截管理雨水的能力更为强大。保持太阳能板的清洁是必要的，但在干旱的夏天，除非出现了非季节性的降水，这些植物不会长得很高。在夏季降雨的地区，太阳能板周围的植物则需要被清理干净。

在许多地区，无论夏季干燥或潮湿，这些自然式的植物屋顶每年可能需要除草一到两次（估计每 929m^2 一小时），这取决于地理位置、杂草品种、割草或除草方法以及季节性的降水。

屋顶上生长的杂草中包括本土的与非本土的植物。然而，这些入侵者在几年内都不会有很大的影响。不需要除草，更不允许使用肥料或除草剂。

入侵的植物通常在初夏结籽，然后干枯而死。这潜藏着火灾的隐患。解决这一问题的方式就是在暮春或者初夏的时候除去这些植物，但要注意保护鸟的巢穴。可以在屋顶上用割下来的杂草残渣堆肥，也可以直接弃置。

一些景天可能会因为建筑的影响而死亡，例如通气口排出的风、玻璃和女儿墙反射的热量等。不要重新种植，或者起码不要种上同样的植物，而是要保证留有足够的矿物覆盖物来保护土壤。

每次维护结束时，要检查并清扫屋面排水口与排水管。

在苏黎世郊外的植物屋面上，植物生长在屋顶安装的机械装置中。在人工维护下，这些植物与建筑的机械系统相处融洽。甚至树木也可以生长，直到它们的胸径达到15cm，然后才会被移去。瑞士另一处长有各种杂草的植物屋顶上还安装有太阳能板，其安装高度比传统的屋面要高。

树木

保持树木的健康能使树冠更饱满，根系更强健。种下之后，直到10年或20年后成熟时，许多树木都不需要或仅需要少量的维护。到那个时候，有些树木需要一定的修剪，去除可能产生安全隐患的死枝枯枝。

运行和维护方案应该对树木成材进行规定，包括浇灌在内的各种现在或将来要进行的维护内容。树叶、针叶、果实和其他可能会影响城市物种的物体，应予以清除或处理。最佳的树木选择只需要最少的维护。

绝对不允许对种在草地区域的树木使用除草剂。那些人们可以靠在树干上休息，不用顾虑死去的杂草和化学物质的潜在危害的日子都去哪里了呢？树木在城市中创造空间，吸引人群围绕着树干，甚至爬到树冠中活动。如果这棵树需要使用杀虫剂，那就说明它不适合这个项目，不应该被纳入选择。让树木自己解决问题，如果它死了，就换上更耐久的品种。

总结

许多城市正在制定法律和其他规定，以增加不透水表面的植被覆盖，达到管理雨洪和发挥其他环境效益的目的。

用植物覆盖不透水表面使设计师能够在不存在景观的地方和不可能、不需要或者不允许下渗的地方创造出景观。在空间和影响方面，屋顶提供了最佳的机会，而植物种植池，或称其为地上的生态屋顶，则对地面层次的硬质景观进行了有限但成功的改造。

垂直花园、雨水墙、建筑物边缘的植物墙面越来越多地被纳入绿色基础设施战略中。作为一种管理雨洪的工具，因为可能需要灌溉或机械系统，它们的功效在一定程度上仍然未经证实，这亟待进一步的研究。

树木可以应用于各种地方：屋顶，绿色街道，河道亮化和生态修复等。尽管树木是管理雨洪的有效手段，然而，季相变化、缓慢的生长周期和有限的城市环境中有限的空间意味着要发挥树木的最大效益，还需要做很多的准备工作。

植物的方式已经证明了植物和自然在改变城市环境方面的巨大能力，也告诉了我们该如何应对城市中的许多环境悲剧。在下一章中，我们将进一步探讨从灰色到绿色的转变，如何将硬质界面消除并使其融入城市环境之中。

瑞士苏黎世的一座大型办公建筑覆盖着生态屋顶，所有多余的水流都流向了场地中的一个雨水花园

工业区中最后一块未开发的绿地。图中最大的一片是身上带有条纹的濒危动物角云雀的栖息地，它们喜欢在开阔的、杂乱的草地上筑巢。植物屋顶可以为生物创造更多的空间，同时不会损害开发商利益

第 7 章

不透水表面和管道改造

现代规划、建筑、工程和景观领域得出的一个重要实践经验是：不透水表面对于人居环境很重要。事实上，如果没有硬质铺装，我们的城市将无法通行，并且陷入泥沼或者尘土飞扬之中。

这里有一个值得研究的问题：实际需要多少不透水表面以及我们到底要达到什么目的？我们可以通过形式或者功能的改变来减少不透水区域吗？为了解决当下和未来的城市问题，我们需要摒弃已经无法发挥功用或远远落后的方法来改造建成环境。

在这一章里，我们将探讨增强雨洪管理功能的方法，通过增加可渗透空间，同时减少必要的人群活动场地之外的不透水空间。这里所介绍的方法包括：使用透水型硬质材料、重新铺设和修复渗透空间以及通过河道亮化从根本上改变场地。

非渗透场地十分依赖管道系统去输送雨水和污水，这些管道通常是解决各种问题的实用方法。然而我们人类常常把事情做得很过。比如常常听到的一种说法："把溪流放进管道能换取更多发展的空间，还能避免很多麻烦。"全世界的城市都在用这种方法，尽量把深埋的混凝土管道做得越窄越好，以便腾出建设空间，但是随之而来的是自然水体的消失。

这里会举一些例子来说明之前提到的径流过程，包括错误的和一些更可取的做法。尽管在今天看来并不现实，但未来让埋于地下的溪流重新出现在我们的城市是完全可能的。不能说全部，但当大多数溪流被重新带回地表的时候，城市和基础设施会得到明显改善。

这条溪流在一百年前变成了地下管道。作为污水管道的综合修复工程，旧的砖砌管道正在被现代化的混凝土管道所取代。溪流越深，让其重见天日的难度就越大

清除植被给城市化留出空间从根本上改变了景观。这些硬化的废弃地将绿地掩埋在沥青之下，使其丧失自然功能，造成雨洪泛滥，其中包括富营养物质、垃圾、化学物质、金属元素、塑料以及各种油脂在内的人工污染物的扩散。

不透水环境还会导致污水溢流、栖息地减少、城市热岛效应（包括空气污染和高温威胁），并且增加能源消耗，甚至还会导致气候变化，让人们错误地认为利用管道就可以不假思索地搞定城市雨洪。绿色基础设施可以用来减缓局部和小型洪灾。通过河道亮化、保护和重建恢复洪泛区的蓄水能力是绿色基础设施工程的一部分。美国国家洪水保险计划社区评级系统（The National Flood Insurance Program Community Rating System）为社区开发和实施促进绿色基础设施的政策提供信贷和保险费大幅度折扣，鼓励社区制定和实施推动绿色基础设施建设的政策（美国环境保护局，2016 年）。

另外，最大限度地减少不透水表面可以避免使用混凝土或沥青造成的碳排放和能源消耗。减少维护路面的数量可以降低长期运行维护、除冰和路面更换的费用。绿色基础设施的使用可以帮助城市减少碳排放并守住经济底线。

大多数私人开发商硬化场地是为了满足人行道、停车场、车行道和其他活动区域的需求。而且铺装成本低于景观建设，大多数开发者选择减少项目前期的投入。

从市政运行和维护的角度出发，移除植物可以减少景观和灌溉维护的需求。像沥青、混凝土和屋顶这些有铺装的表面可以承受常年的踩踏，然而绿地只能满足有限的踩踏，除非植物死亡后露出压实的土层。

拿人行道的使用寿命来说，波特兰社区中许多人行道是在 20 世纪街道首次被绘入地图的时候建造的。一个世纪之后，这些路段的大部分相对完整并且维护良好，没有一点破裂。但在这 100 年中混凝土路面阻止了水渗入下层土壤。

现代化的铺装和管道的另一个主要影响是河道和溪流的消失。从美洲西南部的沙漠到东北部的河网，现有的水系被打压到了地下管道中。这些河道曾经是雨洪系统的组成部分（也处理其他污染物），20 世纪初的十年，它们像不法分子一样被渠化或者关进地下管道中。源头溪流则被毁坏或者被接入了排水系统。

这些工程方法消除了自然溪流通过增加生物栖息地和多样性、缓解城市热岛效应和重现自然让城市更宜居的价值。随着时间的推移，这些灰色基础设施也开始失去作用。尽管这些系统最初为了适应更大的暴风雨而建造得很大，但是它们不仅没能满足人口增长带来的越来越多的需求，反而随着部分设施的退化和失效而丧失了功能。

在苏黎世，当 20 世纪 80 年代尺寸缩减的管道堵塞并且引发了无法控制的洪水时，这种趋势达到了一个顶峰。下水道系统无法负荷过量的雨水，把铁质的井盖冲到空中。当时，已经预见到问题的规划师们开始重新思考他们管理雨洪的方法，从此开辟了绿色基础设施的新道路。

渠化方案也造成了自身的难题。在南加州，宽而浅的河流或者季节性的小溪被硬塞进混凝土或者岩石砌筑的沟渠中。这些窄而深的沟渠从圣费尔南多河谷的源头一直抵达太平洋，在长达 82km 的洛杉矶河两岸创造出更多开发用地，但也额外多花了钱。洪水现在沿平坦表面的沟渠向下游冲击，产生的破坏性能量比穿越宽阔溪流和复杂植被系统的洪水更大、更危险，大多数河段为了安全围起了护栏。

如果你是在南加州长大的孩子，你一定忘不了对那些泛滥河道的恐惧。无论丰水还是枯水期，河道根本没有人使用，更没有野生动物或者植被的生长。幸运的是，很多南加州人现在已经试着让这些系统发挥更大的作用，包括地下水源的补给。所以，不管是综合的下水道系统还是这些明渠，更好的雨洪管理可以让一些可喜的事情发生。

明渠也会堆积沉积物。洛杉矶河的上游已经有了大量沉积物，导致植被开始夺回部分的混凝土河床。这些植被附着在光滑的表面上。很有可

苏黎世的一条重回地表的溪流。这条溪流曾经被沥青或者混凝土覆盖，水只能在管道里流淌

一条曾经蜿蜒的溪流现在被限制在秘鲁的城市护栏里

能未来的一场大暴雨会把这些沉积物冲下溪流，堵住主河道，堵塞物使洪水溢流涌向周边地区。这明显不是雨洪管理想要的结果——由不懂行的专家和外行所导致的愚蠢错误。当然，有些人可能会说，政府必须用额外的税收来支付这些沟渠的清理费用。不幸的是，运行和维护的人从来没有足够的经费去做好这个工作，所以悲剧就发生了。

正如规划的那样，城市发展已经把南加州的许多河道变成了现在的宽度，这一限制使得未来洪水顺着堤坝上涌，而不是向两侧分散。这些河流的混凝土堤岸依然稳固，但以为这样就可以高枕无忧那就忽视了自然和气候变化的教训，正如 2013 年夏天打破了所有记录的科罗拉多州博尔德市的洪水所证实的那样。之后的灾难还有 2013 年秋天袭击纽约和新泽西的飓风桑迪和 2006 年席卷墨西哥湾沿岸的卡特里娜飓风。2015 年 10 月，一个离加利福尼亚州贝克斯菲尔德不远的地方在一个小时内遭受了降水量达到破纪录的 7.6cm 的暴雨，高达 1.8m 的泥石流掩埋了数英里的道路。这样的灾难在世界各地都有发生。

大自然试着夺回这条沟渠。但当植物长到一定程度时，管理部门就会将其移除来维持河道容量

雨洪管理的方法

将植物和透水材料加入城市设计有助于改善环境问题和提高建成区的整体功能。要实现这些，需要重新思考我们塑造环境的方法和材料。

与第 5 章和第 6 章一样，这里讨论的方法可以与其他综合方法相结合，使用各种设计技巧，通过景观雨洪管理来实现均衡且造价合理的场地设计。这些方法可以实现补给地下水，减少或消除导致水道侵蚀和冲刷的径流，减少水体污染物，减少或消除对传统雨水管道系统或地下补水系统的依赖，减少或消除流入合流或分离管道系统的径流。

透水铺装

虽然可以对透水路面进行一般性概括，但其与降雨和其他雨水效益的相互作用将会根据人类活动强度和材料的变化而变化。与生态屋顶一样，并非所有的透水铺装表面都是一样的，可以通过相对雨水管理绩效来考虑不同的产品和方法。不幸的是，很少有市政当局有绩效方面的数据，设计人员可能会发现供应商没有与其产品相关的本地数据。

当透水路面设计成仅接收雨水时，它的绩效是最佳的。当每小时有 5cm 的降雨时，单位面积的路面刚好可以将雨水渗透到地下。这样的雨洪管理效果就很理想。

有时候透水路面被设计用来接收不透水表面的径流。这也是可以实现的，但是沉积物会更快地积累，因此渗透也会更快地减弱。这样的设计可能会产生更高的运行和维护成本，因为要清除堵塞或采取其他措施来保持渗透性。

纽约长岛南岸的林登赫斯特图书馆的多孔铺装停车场是 6 年前设计的，只用来拦截雨水。道路之间的多孔材料在 2015 年仍然通畅并且有效，而且没有明显褪色

这是另外的雨洪管理方式，溢流被引入林登赫斯特停车场边缘的简易绿地

值得注意的是，在不透水道路表面安装像透水沥青这样的透水材料层可能不是雨洪管理的有效办法，但对于公路而言，这可能是最好的选择。透水铺装的表面铺设已经被证明可以用来减轻湿路打滑和轮胎溅起的水雾，提高驾驶能见度和安全性。这些透水铺装还可以降低车辆和周边区域的道路噪声。对于超高密度的城市环境，向周边小型绿地空间溢流的透水铺装可以提升雨洪管理的效果。

波特兰港的 6 号码头

在俄勒冈州波特兰港的 6 号码头，有一个占地 23ha 的自动化仓库，使用了透水铺装（大概占全部铺装面积的三分之二）和向周围植被渗透区导流的结合。这样做了之后，所有的雨水都就地得到了渗透和管理。在汽车被装上卡车运走的场地，需要铺设不透水的强化铺装。这些场地的雨水直接流入植草沟或雨水井，之后顺着管道流向区域入口的绿地。

有着 15ha 多孔沥青铺装的波特兰港 6 号码头停车场。另外 8ha 不透水表面的水汇入绿地区域

其中一块渗透径流的绿地，径流来自波特兰港 6 号码头的停车场

其他透水铺装场地的例子

德国的一个铺设透水混凝土铺装的大型停车场，中间的方形缝隙可以种植物

中国的一个停车场，植草砖与路面硬质铺装结合

中国的新型多孔铺装

墨西哥的停车场，停车区域用方形铺装，中间路面用混凝土

一个英国的场地用多孔混凝土铺设路面，用多孔砖铺设停车区域。溢出的水流流到前面的一个雨水花园。场地中的原木被用作无脊椎动物和鸟类的栖息地

一个瑞士的停车场将溢出的水流导入树篱区

萨克拉门托一个曾经是沥青铺装的街道，现在用种满植被的多孔铺装覆盖并封闭

萨克拉门托的街道设计了接收街道径流的透水铺装和接收人行道径流的树池

在宾夕法尼亚的詹尼维尔，设计师留下一片随机使用的区域种植绿化，而不是全部铺装起来

费城的篮球场铺设用的是透水沥青。这是费城绿色城市清洁水源计划中的一个项目

芝加哥的透水人行道能将溢流导入旁边的树木种植池中

在苏黎世这个新开发的项目中，来自传统沥青路面的径流穿过透水铺装，汇入线性绿地（透水），然后流向远处的大型下渗绿地，这栋楼的整个屋顶都用了植被覆盖

不透水区域的拆除

正如本章开头所说，不透水区域已经成为定义现代化人居环境的特征。铺设这些表面曾经是改造自然、建立活动空间的最简单和最廉价的方法。当我们重新思考这些铺装上面的景观的影响（雨水溢流、环境退化、空气污染、城市热岛效应和气候变化）时，应该发现，重新评估上至停车场、下至小型庭院的铺装应用，是很有意义的。

这种方法的实质是把不透水表面更换成再度透水的表面。减少不透水表面也很重要，因为维护代价更高，并且在这种新开发项目中，要避免在不透水区域上花费更多的钱，相反应该加大透水区域的投入。

在重新考虑不透水表面的设计时，波特兰的轻轨安装必须遵循城市的雨水规范。设计师选择用景天科植物让轨道区域具有透水性，这是一个比使用传统混凝土更安全的方法

瑞士一个城市的轨道空间里种植了花草。请注意右侧停放车辆之间相对较新的植被

费城的一个现有停车场被重新设计，用绿地替换不必要的不透水表面

波特兰重新建造的人行道增加了更大的种植场地以接收人行道径流并且增大雨水拦截量

芝加哥等城市正在拆除铺装改建绿地

新的人行道 / 自行车道是从原来典型的居住区街道改建而来的。画面右侧的绿地起到管理雨水的作用，左边是拦截雨水的绿地

交通三角区转变成景观雨水区。在很多城市中都有这些未被利用的空间等待被富有洞察力的设计师发现

几处由混凝土交通岛改造成的雨水花园中的一个。这个设计用考顿钢作为挡土墙的材料呼应了该地区的工业历史

拍摄于夏季的街道。许多街旁空间都可以用雨水花园或者绿地来替代沥青或者混凝土

集雨景观还可以存储降雪，一些地方的设计很明显是出于此目的

由于许多建成环境都设计得效率低下，拆除不透水区域可能是一个相对容易的工作。在俄勒冈州的波特兰市，成立于 1999 年的非营利组织“去除铺装”（Depave）的目的就是拆除不必要的不透水路面。

河道亮化

河道亮化提供了一个景观解决方案：让溪流重回地表，从而实现比尺寸固定、破旧落后、功能废弃的管道更好、更可靠的雨洪传输方式。

不管是作为季节性的小溪还是全年性的河流，这种方法为雨水流动提供了一条自然通道。这些地表水系是大自然的雨洪管理通道，当它们露出地面或者从混凝土管道中释放出来时，基本上可以自我维持。吸取 20 世纪的经验教训，我们现在可以看到大自然管理水的设施，例如溪流和湿地，是如何提供比管道和铺装更安全并且可以自我维持的方法去应对洪水和其他极端事件的。

同样重要的是要意识到这些小溪不再是天然的。它们的设计必须考虑到相应的城市化带来的更大的径流量。除非区域中的污染防治达标，否则这些溪流将受到影响。替代的方法是继续将污染严重的水流排入一个大管道，直到它流入自然水体。尽管这不是河道亮化的目的，但是亮化工程将会过滤和减少这些城市径流。

水源工程的下游部分让小溪重见天日。堰坝或者拦水坝有助于减缓溪流

加利福尼亚州戴维斯市的一个雨水沟建造于 1985 年，替代了该地区典型的传统管道和混凝土排水沟。不仅开发商在建设阶段省了钱，而且这个 24ha 的街区成了这个城市最理想的人居环境

得克萨斯州韦弗利市的一条河流展示了一种由自然设计、建造和维护的雨洪输送系统。如果开发的时候顺应水系的自然过程，任何尺度的河流和小溪都可以用来导流雨水。当然，这条河流也有人为干预的影响

作为雨洪管理的一个工具，河道亮化有这样一个明显的作用：它不仅可以美化场地，还能改变这个场地的地形条件。溪流有历史、文化和公民价值。一条重见天日的溪流可能是带动整个社区改头换面的绿色转变的纽带。大部分社区都有各种从灰色到绿色转变的机会，但是河道亮化所解决的社会问题可能更重要。

用作停车场的奥兰治县河床

在加利福尼亚州的奥兰治县，一段硬化的河床被用来当作附近娱乐区域的停车场。这个硬质

加利福尼亚州奥兰治县的一个河道在暴雨前被用作停车场

暴雨来临的第二天，水流从停车场正中间流过

混凝土与乱石的结合实现了自然的回归

水流经过一段更自然的河道奔向下游

河床停车场是市民意愿的体现吗？事实上，这可能是某个人的决策，可以用来解释为何要把一条相对较大的河流硬化，即使一年中有六个月是干涸的。然而，这能确保洪暴来临时的安全吗？同样在这块场地上，硬质地面被改造成为乱石河床，一条更加自然的河道形成了。

研究

市场上一系列透水铺装产品使研究这些方法变得复杂。波特兰市在 2005 年建造了几个项目来测试居住区街道上的透水铺装，用了三种铺装材料和配置：透水沥青、透水混凝土和利用接缝进行渗透的铺装，所有都安装在以前的传统铺装街道上。

其中有一些街道只在停车区域铺设了透水铺装，道路中间并没有；另外一些则整体铺上了透水铺装。结果显示这三种方式都能起到作用，但不管是什么类型的铺装，把整条路面铺满的效果总是最好的。

极端寒冷天气条件下的透水混凝土则出现了问题。在纽约的奥农达加县，人们怀疑用来融解街道和人行道上积雪的盐会导致停车场使用的透水混凝土迅速地损坏。在撒盐的地方，这种混凝土几乎不能用，但县里推行“节约雨水”计划替换使用其他各种各样的透水铺装材料。截至 2014 年，该县已经完成了 55 个非常成功的项目，这些项目把透水铺装作为管理雨洪的整体绿色基础设施的一部分。

但是问题依旧存在，因为不是所有的产品都是一样。我们鼓励读者从意向材料商那里收集当地的雨水绩效数据。一般来说，在最终确定产品之前要对特定项目进行实地勘察。审美是一个重要的考虑因素，透水混凝土的效果跟一般的混凝土不会有太大差距，但是铺装的施工过程和材料选择会导致褪色问题。

为了测试而铺设的透水砖已经失去了原来的颜色。如果场地中有大面积的未绿化空间，透水砖会失效

对成本的考虑

目前，对不透水表面进行拆除、覆盖或者变成透水表面的投入，会因为相应的雨洪管理收益而变得值得。例如，很多配有综合管道系统的城市急需补给地下水，例如洛杉矶、斯波坎（华盛顿）和佛罗里达州的城市，这些城市分布在不同地区。维护费用会不断增高，但是可以通过减少雨水管理费用来平衡。设计和建造的费用也很高，迫于雨洪管理的需求，很多城市已经花重金启动了这类项目。我们要知道的是，政府必须纠正错误，而且，绿色的方法是省钱的。

河道亮化的成本取决于许多因素，其中最重

波特兰的玫瑰城学校通过拆除学校场地上的大型沥青路面，改善了学校的学习和娱乐环境

要的是如果不进行亮化会产生更多花费，比如对地下系统进行开挖和更换大口径管道的成本就很高，这有助于正确看待这个问题。

不过，有一些项目的业主只希望通过拆除不透水表面来让环境更便利。从21世纪初开始，波特兰已经跟数十所学校合作，把不透水表面改造成管理雨洪的绿地和更安全的由植物透水表面构成的场地。城市也通过减少水流进入综合下水道系统而获益。

波特兰塔博尔学校移除了沥青停车场和通常距离教室窗户只有61cm的车辆，改善了孩子们的健康。这所学校没有空调，所以依靠活动窗户来降温。一位老师说，在沥青停车场被改造成雨水花园之后，17年来她第一次可以打开窗户透气。

很多因素都会影响成本。随着越来越多的政府部门把目光放得长远，绿色方案带来的效益超过了纯灰色方案。通过比较分析附加和潜在效益，能够证明绿色方法的有效性，但改变人们的固有看法却不那么容易。

设计

这里的设计主要是不透水表面的改造和自然过程的保留。这些方法的适用范围和效果有所不同，但是每一个方法对于整体实现更绿色、清洁、安全的城市环境都很有用。

设计——透水铺装

透水铺装，和其他设计和工程步骤一样，必须满足客户的需求并且实现雨水管理。周边绿地设计应该包含了足够的雨水处理空间。当沟通预算时，要问清客户愿意在建造上花费多少钱以及客户对于持续运行维护的长远考虑。从一开始就要意识到透水铺装比其他铺装需要更高标准的清洁。了解当地的气候和沉积物有助于正确认识透水铺装作为雨洪管理方法的价值。

一些城市设施的增加说明许多开发商和政府对于这种方法的接受。但是，仍需注意的是，许多市政部门不接受把透水铺装作为长期可行的雨洪管理方法，这主要是由于保持功能所需的运行和维护。所以问题不仅仅是将透水铺装跟传统铺

透水砖和透水混凝土并排铺设

这些透水砖的使用寿命可能比沥青长十年，但是它的透水设计已经被堵塞了，雨洪管理性能并不比不透水铺装更好

装进行对比，而是将植被方法与透水铺装进行对比。那么到底选择哪种方式还是两者兼有？如果有足够的空间来改造或新建，那么雨水花园可能是更好的方法。景观雨洪管理设计提供了许多选择，而设计师必须掌握帮助客户实现目标的技能。

这个设计会是什么样的呢？客户期望的效果如何呢？各种各样的铺装类型提供了一系列产品和设计的选择。有不同种类的预制混凝土透水铺装系统，一些中间有接缝，在预制时垫入垫块形成。也有不同种类的接缝填充材料，其中一些更方便维护。另外，一些铺装能满足残疾人使用标准，一些则不能。当然，还需要防止女士的高跟鞋陷入铺装里，否则可能要承担法律责任。

以下是适用于多数项目的透水铺装设计指导原则。第一，要了解人群活动的频率和强度以及使用透水铺装的可能性。使用者主要是车辆还是行人？产品如何适应步行交通？如果在孔隙中种植植物，它们是否能在长期停车的环境下存活？

第二，要了解场地条件，包括坡度、土壤、构造方式和地下结构。这个场地是否需要排水或者其他措施？排水不畅的场地可以用混合骨料进行改进以更好地渗透。但要知道期望的渗透率是多少？

第三，要了解技术和施工可行性，并且要确保承包商也了解。

第四，要检验承包商在铺设透水铺装方面的经验。特别是新技术或新产品，如果这是承包商的第一个项目，要确保他们得到厂商代表的协助。

小面积的景观绿化取代了广场的部分铺装表面并且可以接收径流

第五，要考虑到建成以后制定运行和维护计划。这个场地要怎样维护？运行维护的需求是什么？如果这是选择透水铺装的原因之一，你有责任把如何维持产品达到雨洪管理最佳绩效的措施教给客户或者未来业主。

第六，透水铺装如果仅用于收集降水，那么将几乎不会存在堵塞的情况。但是，当引导不透水路面的径流进入透水铺装区域时，要将水流散布到尽可能广的区域，通过分散径流至更大的面积可以减少沉积、防止透水空隙的阻塞。将溢流从透水路面导流进绿地可以提升雨洪管理的能力。

移除不透水区域

在施工之前，设计师要对场地及其使用情况进行评估。要识别闲置的不透水路面（包括未充分利用的街道），可以提出以下问题：场地减少硬质面积后能满足使用者需求吗？场地有没有充足的停车、人行和其他空间？

很多场地存在被遗忘的硬质死角，是时候对

它们进行改造了。有的场地在一开始就设计得不好，比如停车场。重新设计这样的场地需要将不透水路面拆除。当然，如果新的软质空间可以接收径流最好，如果不能，那么收集雨水就是这些场地接下来要满足的功能。

建造新的绿化区域可能会增加运行和维护的预算。要明确维护责任人。作为设计师，你有义务教会客户或者未来业主新景观的维护措施。

一些城市根据不透水路面的面积来收取排水费，因此拆除这些城市的路面能减少排水费，从而平衡额外的运行维护成本。一些业主可能想要更精致的景观，但是一个实用、集雨的设计已经可以而且足够满足很多项目的需求了。

河道亮化

河道亮化设计取决于土壤、植被、水文和很多其他因素，基本概念类似于植物植草沟（见第5章），利用长满植被的狭长的自然空间减缓和排走径流、促进下渗以及过滤沉积物。可以考虑结合休闲活动和河岸修复一起开展。但是，河道亮化需要有资深专家的论证，不宜轻易下结论。

作为一个自然型系统，河流设计确实有一些特殊的挑战。例如，大自然管理洪水的方法是让其流到邻近的区域。所以如果可能的话，设计应该考虑额外的宽度以让水流在需要的时候自然地扩散。然而，在城市区域，设置溢流空间往往是无利可图的行为。成功的河流亮化工程提供了很多有创造性的方法。下面将举一些案例来解释如何恢复河流、预防河道掩埋。

水屋公寓

这个公寓项目位于俄勒冈州波特兰市郊区的比弗顿，建于 1986 年，展示了设计师如何将现有河流作为改造的核心要素，而不是将水用管道运到地下。项目的上游建有一套雨洪管道系统。

公寓项目位于该地区城市发展边界内的农业用地。为了调蓄河流，工程师根据百年一遇的暴雨确定了最小径流量。之后建筑师和景观设计师在这些限制条件下整合了步行道路，使其沿溪流展开。场地采用了三座差不多大的桥梁而非涵洞，这是一个相对更昂贵的选择，但是也提高了对于租客的吸引力。

对比隐藏式与开放式两种基础设施的成本会很有意思。在比较直接成本时，需要考虑管道、挡土墙和桥梁的填方费用，以及塑造水景对场地价值的提升。你可以想象，这两种方式是需要高维护的景观类型，虽然更多的自然景观可以降低一部分运行和维护的费用。

这是水屋人行天桥下的视角。近处的墙靠在景观地形之后，远处的墙消化了建筑与场地的高差

这是三座桥中的一座，用于让行人和车辆横跨河流。河床上的步道和台地式座凳用于展示场地特色

库斯特公园溪流亮化

这个位于波特兰的公园改造于 1996 年，运用河道亮化的方式来解决库斯特公园一些长期遗留的问题，将其变成了一个占地 2.4ha，配有操场、开阔草坪和球场的社区公园。在 20 世纪 50 年代公园开发之前，这块场地有一条以泉水为水源的季节性小溪，之后就变成管道埋进了地下。

1996 年最初的改造方案要求重新用管道铺设

2013 年，在俄勒冈州波特兰市的库斯特公园上游，小溪沿着一条小路流动。左边是停车场，右边是球场

这条小溪用于排水，这些水来自该区域和临近高地居住区的泉水和雨水。公园内的球场长期积水、泥泞不堪，波特兰公园娱乐中心希望通过改造来解决这个问题。

解决方案是用地表的河道来代替地下管道。这种自然的设计能够应对城市暴雨带来的水质恶化问题，减少公园和使用者可能遇到的风险。更大的暴雨将会继续通过现有的管道系统排走。这条由管道系统亮化而来的小溪形成了净化水质的植物系统。

这条新的溪流又窄又浅，长 183m，顺着一条新路，高差有 9m。河岸种植了当地的滨水灌木和乔木，并且安装了一系列石堰以减缓水流速度，过滤沉积物，促进紧质黏土的下渗。溪流汇入一个与现有雨水管道系统连接的滞留池。河流的上游有排放装置，排入来自住区的径流。这样做是为了将小型的径流导入亮化的河流中。

小溪的亮化成本与安装更多的传统水质过滤系统和新管道的成本相当。河岸的植物已经成熟了并且很健康，尽管偶尔需要修剪以保持道路的畅通。在离路远一点的地方种树可能会减少一些维护费用。

事实上，溪流的主要问题是导流结构。它建造在地下 6m 的下水道中，容易堵塞，导致水流进管道而不是流入溪流。这个系统在雨季需要定期的检修和维护。从中获得的教训是要留心管道内的导流结构。我在波特兰污水处理厂工作的 25 年里，这种结构通常都出现了故障。

最好的解决方案是继续往上游进行亮化，而不是安装任何导流结构。这将作用于所有的径流，而不仅仅是小型暴雨。尽管工程师可以设计出无数的工程方法，但当这些方案不重视人类和自然活动的规律时，现实世界的条件总是会对我们以为的最佳方案造成严重破坏。换言之，如大家所料，导流结构最终会失效。

特赖恩溪的亮化

俄勒冈州波特兰市的特赖恩溪上游的地产开发是一个多方参与、利用公共和个人资产更好地整合可持续雨洪管理方法的项目。其中河道亮化是项目的核心。

该项目是温克勒开发公司的吉姆・温克勒发起的，他在市民的建议下，决定研究让一条被掩埋的溪流回到地面的想法，这条季节性的暗河穿

过一块 1.1ha 的被周边遗弃的未开发地块。温克勒的团队反复论证了在公共道路和公共土地上对河流进行亮化的可行性，包括邻近的一块被居住区包围的 1ha 退化湿地。市政当局同意了这个项目，于是他开始了耗时长达六年的、艰难的、反复交涉和不断坚持的建造过程。

该场地的私有部分曾经是森林湿地和特赖恩溪附近的水源支流。在 20 世纪 40 年代，这片土地被开发成一个停车场和一个夜总会，后来建筑变为老鹰旅馆，之后年久失修被废弃。已建成的内容包括 9197m^2 的不透水地面（占总面积的 84%）以及 465m^2 绿地上的一片非本地的刺槐林。溪流中一段长度 152m 的河道被掩埋到地下，从场地中建筑下方穿过并且继续用管道延伸了 122m 进入街道和其他地块。

在俄勒冈州的波特兰市，一个 0.8ha 停车场的再开发让掩埋了 60 多年的小溪重见天日。开发商选择将小溪纳入设计，使该项目更具市场价值

这个场地本身没有雨水管理设施，相邻的南侧街道总是布满泥土和砾石。显然，这个场地在几年前就被汽油、石油和清洁剂污染了，但这直到 2004 年开始施工才被发现。根据俄勒冈州环境质量部的要求，超过 2200 吨的受污染土壤被清除了，导致了严重的工期延迟和成本上浮。

特赖恩溪水源处的住宅项目提案包括以下几种房型: 12 套对外销售的私人联排别墅，70 套可预订的高级住房和波特兰市持有的 100 套公寓。该项目将从上游开始延伸到西侧的公共湿地，湿地开挖了一条直沟以促进排水。场地分析确定该湿地属于政府管辖，允许配套城市环境服务基金。这片土地以前是农业用地，几年前被捐赠给了城市，但从那以后就没有得到改善和管理。丰富的地下水和泉水使土壤在生长季节的大部分时间内都保持湿润。

环境事务局（最终参与的十几个机构之一）打通了横穿的沟渠并在高处设计了房屋，以促进湿地表面径流的扩散。场地种植了当地的乔木、灌木和草地，并挖掘了沼泽地来创造两栖动物的栖息地。利用了稻草、生物袋、椰壳垫、布胶器、岩石堰和原木（一些来自刺槐林）作为下垫面让湿地变浅，在水流到达小溪之前拓宽其横向流动的范围。

在私人地块上，整条小溪被设计成 6m 宽、91cm 深的砾石河床。小溪从西向东蜿蜒 137m，穿过巨石、刺槐和原生植物的根茎。两栋四层公寓楼之间的一座三层楼高的室内天桥横跨小溪。

早在水源工程开始的多年前，特赖恩溪边的地块被捐赠给了波特兰市。笔直的小溪被切断导致了湿地缺水

小溪被改造后，现在树木繁茂的湿地可以应对洪水泛滥并种植乡土树种。这是 2013 年从乡村公寓的露台上看的视角

在场地评估和设计后，通行三角区内还建造了一个雨水花园，拆除了 64m 长的多余的、不安全的以及不必要的不透水路面。2006 年开始修建小溪和雨水花园，2008 年春季完成种植。从西南第三十大道通过来的一条现有的 31cm 长的雨水管道被改道引入了雨水花园。这项设计包括了一个 46m 长的弯曲混凝土水槽，用来收集相邻公寓停车场的径流。水槽沿着人行道前行，穿过西南第三十大道连接小溪的公共和私人部分的涵洞。

该市提供公共道路上的雨水花园和小溪的维护，偶尔进行树木修剪、草坪修剪，以及清除垃圾、杂草和随处可见的狗的排泄物。

在公共区域没有灌溉系统的情况下，选择了乡土树种用于抗旱。种植的植物包括裸根灌木、针叶树幼苗和种子，以及人行道上仅有的一些盆栽。不幸的是，本地的赤杨树死亡了，取而代之的是将外来树种刺槐作为行道树。私人区域以更传统的方式种植本地植物，使用大型容器和圆球形树木和植物，并由个人维护。

尽管亮化的溪流里没有鱼，但它发挥了作为生境的价值。该项目及其相关的河岸植被创造了野生动物栖息地、丰富的昆虫以及其他有利于下游河段的有机营养物。曾经有一次，一个奥杜邦小组（横跨美国的环保组织）在两小时内发现了 28 种鸟类。雨水量和径流因渗透和滞留而减少，有助于补充地下水和夏季径流，同时水质也因为

西端的新小溪在新建筑物之间流动。砾石河床已经安装并覆盖了

这条亮化的小溪对 2008 年秋季的降雨起了作用

2010 年，暴雨中的小溪

从东侧看私人地块中小溪的中段，可以看到雨水花园和透水铺装，摄于 2007 年

温度降低和污染物减少而得到改善。

这个项目引人注目的原因有很多，但最重要的是开发商和他请的建筑师肖恩・沙利文的眼光。沙利文不仅承担了一个复杂的项目，而且愿意突破最低要求，创造一个更好的、可持续的社区。

到 2013 年，小溪边的植被开始生长。仔细观察左边建筑的绿色屋顶和右边联排别墅的绿色屋顶

小溪流入一个涵洞，把它从私人区带到公共区

这条街道是没有必要存在的，所以它在分析和设计完成后被拆除

现在，一条小溪将穿过先前的街道，同时，一条亮化的雨水管道通过混凝土渠道将径流运输到左侧的第一个雨水花园。水槽用来接收涵洞的径流

雨季开始时，施工几乎要完成了。阶梯式的绿地平行布置，然后与小溪汇合

来自商业区的雨水管道被引入为雨水花园供水的露天水槽中

这条历史悠久的小溪的最后一段已经恢复。水流通过涵洞从小溪和雨水花园的区域流向下游全年有水的特赖恩溪干流，水中有各种鱼类

在一个干燥的夏天之后，秋雨填满了这条小溪

几年后，尽管本地物种要统治河岸边缘还需要几十年的时间，溪流已经自然化了。两株大型的挪威枫树（外来入侵树种）会再活 50 年

波特兰水屋公寓酒廊内的一条亮化的小溪。许多房客聚集在窗前，观察暴雨中的小溪，尤其是在大型暴风雨的时候

住房混合使用的性质意味着所创造的便利设施将提供给所有年龄段和收入的人，以及邻近的业主和公园的使用者。事实上，邻近的房地产也随之进行了自己的场地和建筑改造，并因为其“特赖恩溪岸”的位置大卖。

从包括雨水管理在内的所有角度来看，这个项目一直是不可否认的成功案例。私人住宅的不透水区域比重建前减少了 30%。设计师将透水铺装与传统沥青结合应用于停车场，所有这些铺装的径流都流入雨水花园、植被、1394m^2 的生态屋顶、几十个溢流种植池和屋顶雨水花园等。这些设施每年拦截和处理近 1020 万 L 的水量。

从这个项目中可以学到一些经验。首先，交通研究证实现有的街道存在危险。如果我没有提出这点的话，团队就会保留这个不透水区域，机会就失去了。从中得到了什么启发？如果你看到一个机会，要与大家分享，然后开始讨论如果是我们来介入，该怎么处理。

其次，对于道路变更影响私有小区进出的项目，标准方法是协调现有道路满足使用。在这个项目里，假设的讨论促成了一种非传统的方法，创造了宝贵的空间并延伸了溪流长度。我与这两个邻居——公寓和行政大楼的业主们商量过，他们一致认为对停车场入口车道的改造实际上会改

随着小溪和雨水花园的成长，这个地方成为人们和野生动物的绿洲。试想，如果用隐藏的雨水管道来代替，要多少管道才可以提供图中的美景和功能

善他们的场地，同时增加了人行道和溪流。这条街道的拆除使这两处地产保持改造前的状态，并且既不产生任何费用，也不会造成停车问题。

运行和维护

学习设计透水景观而非不透水景观需要很强的风景园林和园艺学功底，特别是面对公共空间的项目时。

另外，以低成本的方式持续维护这些景观需要公众和专业人士的新思维。我们在本章中介绍的三种不透水表面和管道的改造方法各自有不同的运行和维护要求。

透水铺装

为了实现雨洪管理的目的，需要根据抗堵塞能力进行透水材料的选择。也就是说，维护的首要问题是要保持孔隙间畅通，让水可以渗入。要确定沉积物来源，并由此确定最有效的清洁方法。例如，秋天有落叶树产生大量落叶吗？如果是的话，每年落叶的时候就需要额外的清扫来保持路面的渗透性。如果透水铺装与松散土壤或覆盖物的绿地相邻，那么每次下雨或刮风时可能会积累沉积物。一种解决方案是更频繁地清扫路面，而另一种解决方案是在表面放置较重的覆盖物和补种植被以稳固土壤和覆盖物。

另一个持续存在的问题是沉积物和雨水沉积物被人类活动带入该区域，有些区域的苔藓会很快堵塞铺装。解决这个问题最好的方法是物理去除苔藓，而不是使用化学试剂，通常是用刷子和吸尘器。这种维护没有通用的方法，最好是参考当地已建成项目，直接从源头获取信息。

移除不透水区域

通过移除不必要的不透水表面可以创造大量不同的景观。许多传统设计需要频繁的植物维护，这是一项基础工作。但是新的景观除了能够帮助管理雨水，还可能不需要修剪或过度维护。在许多地方，公众的观念必须接受一种新的审美范式。

这里的基本前提是通过设计实现“自生自灭”的运行和维护。但是要让它自我管理，设计必须遵从一定的原则。设计师必须学会理解维护与植被选择相关，并且必须学会选择能够在空间内完全长开的植被。即使某种植物一开始可能是一个好的选择，但是如果它的生长要超过空间容量，它可能就不是适用于这个空间的最佳植物。当然，也会有例外。

净化后的水从花园的雨水堰上泻下。不久前，这还是一条输送着污染物的地下管道。是什么限制了我们在社区中使用这样的设计方案？

河道亮化

一旦建立起来，小溪应该是自我维持的。允许树木倒下来，让这个地方看起来自然凌乱。除非这个地方有什么特别的地方，否则这里也适用“自生自灭”的原则，特别是从美学上来说。提前预估好维修费用，不要因为有些人抱怨就去用更昂贵的方式维护这个场地。要确保这些投诉者代表的是广大群众，而不仅仅是少数的特殊利益群体。

总结

城市环境因为过度硬化变得不透水，流经地表的径流汇集了几乎所有大小、形状和化学成分的污染物。在任何项目开始时，设计师最重要的步骤就是思考用带来植物雨洪管理收益的绿地替代原先的场地。一旦抓住这些机会，就可以运用实施本书中所讨论的诸多景观措施，通过城市表面而不是地下管道来输送雨水，或者在必要的时候用更具渗透性的材料进行设计或改造。有时候，一些微小的实践可能会引发对河流和水系根本性的认识颠覆和重新改造，随之而来的是自然回归城市所产生的巨大环境、经济和社会效益。

随着莱克伍德市的发展，绿树成荫的街道成了城市特征和便利设施的重要组成部分。这些松树已经有将近 65 年的历史了

第8章 想象未来

“如果我们要创造一个人类可以拥有幸福生活的居住环境，我们必须进行城市规划并且制定顺应自然的土地使用政策。”——池田大作《选择生活》

地球上大多数的城市都已经规划并建造完成，在这里，池田指的是用顺应自然的新计划和新政策来完成城市转型。但这意味着什么？与自然和谐相处的城市是什么样子的？这个星球上有这样的城市吗？也许一个更现实的问题是，哪座城市的规划和政策能够保证顺应自然的转型。

加利福尼亚州的莱克伍德：今天的明日之城

让我们回顾一下南加州都市区中一个小城市的历史，我们找到一些能帮助我们塑造未来的东西，不管是一块场地，一个社区，还是一整座城市。巧合的是，我们选择了我小学时所在的社区。

“今天的明日之城”是一个新的“速成城市”宣言，在20世纪50年代初短短三年多的时间里，这个城市就涌现了1.7万户住宅。作为洛杉矶的一个郊区，莱克伍德是二战后美国城市扩张的典型代表。莱克伍德建于1954年，以郊区化的设计风格为特色，大多为独户住宅小区，还有一部分密度更高的住宅和商业开发区。它以其管理体制和城市设计而被誉为未来城市。

莱克伍德中心是一家购物中心，虽然位于市中心，但在这种摊大饼发展模式下并不便于步行。为了吸引周边城市的客户，最初该中心建了一座的容纳 1 万辆汽车的停车场。尽管购物中心周边有绿化，但场地内几乎没有树木，因为有面积近 68ha 的不透水铺装，这成为雨洪管理的噩梦。

城市的街道和主干道上种植了大量的松树、梧桐、橡树和其他树木，然而这个城市的核心仍然是一个“沥青丛林”。当时没有高速公路，甚至今天也只有城市东部的一小部分被高速公路穿过。如今的莱克伍德占地 25km^2，人口 8 万。莱克伍德可能已经成为我们的未来城市，但它与占地 1303km^2、人口近 400 万的洛杉矶相比，看起来却像是洛杉矶的另一个大社区。

莱克伍德的几条排水渠之一，离我小时候的家很近。两边都是铺装道路

雨洪管理系统是洛杉矶政府负责管理和运行的混凝土渠道，这是典型的南加州做法。地面水渠宽 9-12m，并延伸数英里，用铁丝网围栏将人们拦在外面。街道排水沟和地下管道将径流输送至渠道。几乎所有私人住宅直接将水排到街上。从莱克伍德中心开始，管道铺设了大约 13km，经过长滩市抵达太平洋。

从地形上看，这座城市的海拔变化不大。在开发之前，这块土地是一个农业洪泛区，西侧是洛杉矶河，东侧是圣加布里埃尔河。这两条河流涨落很大并且有时会在洪泛区汇合。正是南加利福尼亚州河流的这种极端变化推动了各种排水渠的发展。

1951 年，人们排队在莱克伍德买房子，我的父母就在其中。这是我 1951 年到 1959 年间生活的城市。在我最早的记忆中会浮现排水渠，在当时还是土制的。

我经常跟着我的三个哥哥去排水渠，那里离我们家只有几百英尺，他们爬上了栅栏，而我则从栅栏中间挤过。我们在水里玩耍、搜寻青蛙，把这些水渠当作通向附近的捷径。这是我们对自然的体验，因为我们都以为它们是自然的小溪。

然而后来我才知道，这些根本都不是，都是非自然、非本土的方式。这些荒芜的走廊里的废水不是来自水源，而是来自过度的灌溉、游泳池，有时还有雨水径流。有时，河道里会散发出化学物质的气味，这些化学物质会杀死植被。在那些日子里，我们会选择走在地面的街道上。当雨水

加利福尼亚州的马里布市，一条新建造的小溪和应对大型暴雨事件的湿地

新小溪的另一段。该项目与一个以教育和展示为特色的公园和自然保护区相结合

在波特兰的俄勒冈会议中心，一个由岩石和植被透水组成的小溪状系统可以容纳中小型暴雨。大型雨水通过该系统输送并排放至现有的市政分离式下水道系统（MS4）

把河道变成汹涌的洪流时，我们高度紧张，部分原因是父母常说孩子被冲走而导致死亡的警示故事。

除了树木，莱克伍德的雨水系统和其他城市一样差，即使把土渠算成景观雨洪管理的一部分，也仍然好不到哪儿去。开发商关心的是尽可能多地保留开发用地，使这些渠道尽可能狭窄。甚至圣加布里埃尔河也被改道，并被包裹在原河床以东几英里的一条混凝土河道中。天然的洪泛平原已经不复存在了。

南加州可能有混凝土渠道的优势，但这种方法已在发达国家使用。然而，许多城市已经开始看到自然河流的经济和环境价值，正在将渠道设计得更像自然溪流，甚至修复那些被城市化长期掩埋的原始水系。面对立法和法规，加利福尼亚州马里布市发起了许多绿色基础设施的建设项目，其中包括河道恢复工程。

自然输水方式在某些地区并不新鲜，但在许多新的地方正受到人们的青睐。在许多城市，项目设计师利用植草沟传输雨水。这些小溪、透水和植物性河道在输送水的同时，允许河岸边缘生长植被形成其他生物需要和喜爱的栖息地。这种更为自然的运输方式也允许河道溢流到洪泛平原。

也许莱克伍德的洪泛平原已经消失，但许多社区自那以后已经开始恢复他们的“洪泛平原”。这是务实且无私的决定，因为一日洪泛终生威胁。在 20 多年的时间里，波特兰约翰逊河地区数百所房屋被购买并拆除，使得土地恢复了抵御（控制）洪水的能力。我们可以把大自然带回到我们的城市并且仍然拥有我们的城市。我们购买土地来建造灰色基础设施，但是为什么不买些土地来重建被我们所取代的绿色基础设施呢？河流、溪流、湿地和漫滩都淹没在我们蔓延的土地之下。

联邦雨水管理条例影响了南加州的规范要求，景观雨洪管理方法在莱克伍德涌现。在 2015 年夏天的一次访问中，我观察到一个正在进行的再开发项目，其中包括一个配备了线性雨水花园的停车场。而且，设计师们正确地完成了场地设计！他们分级引导所有的径流进入停车场和城市人行道之间的线性雨水花园。大量路缘石的切割也有利于水的进入。整个临街绿地空间用于雨水管理，深度相对较浅，约 15cm，几乎完美。

植被丰富的雨水种植槽接收屋顶径流。2015 年的施工现场

唯一值得质疑的方法是使用凸起的种植池来接收屋顶径流。按等级设计的雨水花园可以达到与种植池相同的目的，而且成本更低。也许是由于场地条件的限制，或者种植池有着乍一眼看不出来的其他作用。尽管如此，种植池还是成功呈现了景观雨洪管理的方法。

当我思考可能性的时候，我想象有一天莱克伍德可能会建立一个水渠小屋，比如我老房子改造而成的那种。一个包括景观雨洪管理工程师和风景园林师的团队将与上游城市、乡镇甚至工程兵团（显然参与过最初的水渠建设）一起通力合作，共同制定一个水渠小屋改造计划，彻底应用景观雨洪管理的方法，同时继续探索城市 LID 设施和绿色街道实践（雨洪要求的术语）如何配合新的建设和改造。

加利福尼亚州莱克伍德一个商业设施的新停车场，利用景观来满足重新开发带来的雨水需求

我们的目标是尽可能减少建成区的径流，使河道逐渐转变为更自然的小溪或水沟，类似最近马里布市的实践和波特兰的水源工程。在未来的几十年里，随着上百个这样的项目在公共和私人项目中落地，这些旧的混凝土管道将转变成为社区的自然资源和设施。地块周边的小区围墙后面的沟渠最终会变成理想的滨水空间。

另一种可能是将莱克伍德市中心改造成波特兰南部海滨（South Waterfront）社区那样，成为混合使用的开发项目。

设计未来

希望这本书为更好的城市设计，更经济、更生态的城市以及有益的植被和野生动物繁衍提供有用的信息。在这本书的导言中，我提到通过创造生态空间，雨洪可能被认为是更好的城市设计催化剂，只要我们有一个循序渐进的过程来指导设计。现在，让我们回到前面几章中讨论的主题，来考虑每个主题应该如何发展。

1 指导原则

一种新的设计方式已经出现并持续发展，但它的原则对所有好的设计都是通用的。人们设计、建造、使用，甚至滥用他们的城市，未来取决于那些积极参与城市环境的方方面面的设计师们。设计师需要熟练的技巧和开阔的心胸。他们必须愿意放弃传统和过时的要求，必须愿意寻找并接受可能曾经被错误地抛弃的新规则。景观雨洪管理体现了对老方式的新思路。

2 雨水和城市环境

科学是时髦的，人们的意愿亦是如此。用景观的方法管理雨洪，有助于缓解气候变化、减轻城市热岛效应、释放氧气、隔离建筑物、净化空气、延长材料耐用性、降低成本、创造就业机会并有助于城市居民以多种形式重新接触大自然。我们已经证明了这些绿色方法是有效的，现在我们需要更多的研究来更好地理解它们具体的和突出的价值。区域研究将通过优化植物和设计来进一步推动这一领域，一直到微气候的尺度。

3 经济、政策和政治

我们的城市需要转型，为了改变城市并使其更宜居而花费的每一美元、日元或人民币、卢布或比索、英镑或欧元都应该发挥价值。在美国大约 700 个城市中，综合下水道系统是目前很大的一笔花销。一些城市正在使用大规模的绿色基础设施方法解决这个问题，并节省了数百万美元。其他城市也已经发现了减少径流汇入管道系统和自然水体的效益。

绿色基础设施可以减少资金投入，但问题仍然在于如何支付植物系统的运行和维护费用。我们需要能够量化常规与绿色的运行与维护之间的差异，然后在实现其他绿色基础设施收益的同时，通过设计让这些成本最小化。费城等城市正在出台雨水费来筹集所需资金。也许其他城市会像西雅图、马尔默和柏林那样，考虑基于景观绿化因素的收费方式。

绿色方法也能为拥有广泛技能的人创造就业机会。

4

景观管理方法

工程、建筑和风景园林学科以及其他相关学科必须继续学习和改进绿色基础设施。不断提高的设计水平将推动或阻碍可持续城市设计的进步。作为雨洪管理要素的水、土壤和植物是新的领域，我们都有很多要学习的东西。错误总会发生并且正在发生，但决不能允许少数人的错误掩盖了许多人的成功。无论是街角地段，城市街区，甚至是整个地区的场地评估，以及与利益相关者的合作也将进一步促进这一学科的成功。

5

集雨型绿地

公共空间和私人空间的概念阻碍了雨洪管理。城市倾向于在道路上解决完成所有的工作，这导致了许多未充分利用和过度铺装的不透水表面。城市一旦认识到与私人财产联合项目的机会和优势，也将发现低成本和简易的改造可以运用在道路之上。所带来好处可能是直接的：城市通常必须接收私人住宅的雨水，因此配有绿色屋顶、雨水花园、种植槽、透水铺装、树木和其他软性基础设施的住宅可以减轻雨水负担。

业主负责运行和维护，但也可以从减少的雨水费中获益。财政和其他激励性措施将促使更多的私人参与。政府部门仍需规划改变公共空间的设计和管理方式，以获得更好的雨水服务，但好的设计却不一定花更多的钱。

如本章所说，在美国和世界各地的街道上，有一百种设计雨水花园的方法。可以毫不夸张地说，只要我们有街道和高速公路，设计绿色街道的趋势就会持续下去。好的设计将有助于降低成本，同时也因为创造更清洁、更健康的城市环境而产生额外效益。

也许美国最大的问题之一是停车场占据了数百万英亩的铺装空间，而很少有足够的树木和其他植被。过时的开发项目也很少使用透水铺装。渐渐地，这些停车场将被更有效地使用，特别是新开发的停车场，车停在已建成的车库中，仅需占据一小部分地面。甚至一些大城市的大卖场也在建设结构化停车场。复合式交通的快速发展和进步将有助于缓解停车需求。

中小型城市也可以像过去一样采用这些新方法，而且事实上，中小城市具有更大的灵活性。建于 1985 年的俄勒冈州克拉马斯福尔斯停车场在很长一段时期没有太大变化。它的表面已经附着了很多植物和沉积物，但仍在努力接收和下渗径流。同样加利福尼亚州莱克伍德市的改造采用了精心设计的景观方法来管理雨水。在美国，城市和县的政策越来越多地要求进行景观雨洪管理。

然而，景观雨洪管理法和其他方法一样，容易执行不力。俄勒冈州波特兰市的一个新停车场安装了一个下水口来接收停车场的径流（见下页图），在绿地下面有一条管道，它将水排放到远处的一个雨水花园。为什么设计师不切削路缘从而

一个可以让场地更好的机会被错过了：降低绿地高度，安装切削路缘石，让水进入绿地然后在远处流入雨水花园

避免安装下水口呢？这将使水以可控的方式通过绿地进入雨水花园。或者为什么不用更好的方法，干脆把整个绿地变成一个雨水花园呢？

好的设计师不是天生而是后天培养的。好的设计是通过实践而不是根据规范设计出来的。对设计师和城市审查人员进行更好的教育可以减少金钱和空间的浪费。

至于其他雨水花园的设计，天空才是极限。它们很受欢迎、很有效率，并且可以是市区、街道或社区内美观的设施。各种形式的雨水花园将成为管理径流、应对气候变化和为城市增添自然属性的实用手段。

6

不透水表面的植被（生物）覆盖层

在雨水充足的城市，要保持生态屋顶的绿色，植物屋顶是最简单的一个解决方案。在这里，城市应该让生态屋顶成为新建和改造项目的强制性要求。对于降水量不足的城市，有可能选择类似波特兰红煤渣屋顶的棕色屋顶或伦敦的生态屋顶。

除非是循环水或用于屋顶农业或出于居住空间的考虑或者城市供水完全够用，否则灌溉应该受到限制。每种气候都有适用的屋顶形式。波特兰市有超过 4860ha 的非植物屋顶，这足够容纳两个莱克伍德。

用植被覆盖不透水的地面越来越受到人们的关注，但仍有许多需要学习的地方，并且研究十分匮乏。城市应主动监测植被墙、生态屋顶、树木和其他系统，以获取雨洪管理绩效的数据。

这个有 5 年历史的生态屋顶从未被灌溉过。与相邻的传统反射式屋顶相比，它可以将管理雨水的时间增加一倍并让建筑保温。反射式屋顶排水沟的降雨沉积不会在生态屋顶上形成，因为物质停留在其降落的土壤中

加利福尼亚州亚里索维耶荷的索卡表演艺术中心，主要是景天科植物的生态屋面，用循环水灌溉，旁边是太阳能电池板。生态屋顶提供了额外的隔声效果。它安装于 2011 年，这是该地区为数不多的植物屋顶之一

7
不透水路面和管道的改造

我们已经讨论了很多不透水的表面，包括覆盖它们，最小化它们的空间，以及使它们透水。人类对于行走、骑乘、停坐等空间的需求将一直存在，想让它们经得起雨水的考验并尽量减少占地空间仍然是一个挑战。莱克伍德的地表河道、马里布溪和波特兰水源项目，都证明恢复和创造水流的地表传输对健康和谐的城市环境有多么重要。让我们重新发现那些丢失的小溪吧！

特赖恩溪的水源。很难想象，就在几年前，一条空旷的街道直接穿过场地的中心。我们可以也应该这样设计和改造我们的城市

总结

不健康的城市环境已经存在了数千年。我们想要让城市在环境上和经济上有利于健康生活，就必须尊重自然。目前，景观雨洪管理继续迅猛的发展势头。人们把绿色基础设施投入看作是一种更可取的、更受欢迎的方案，它可以削减数十亿美元的投资，而这些钱大多都花在了逃避问题、机械化的工程方法上。这本书的重点是雨水，但不应忽视背后的主体：城市规划，设计本身的自然属性以及相关的责任主体。

植物在城市中为人居环境服务的价值正在增长，它们可以起到管理雨水洪涝以及其他很多功能，帮助我们解决当前的问题。我们清理了土地来建设城市，而现在意识到需要恢复植被。事实上，未来的城市将是花园城市，不是为了美观，而是为了节约能源、管理水资源、避免酷热和降雨、噪声，当然美观将是一种附加效益。也许最重要的是，这些植物将支撑栖息地和城市野生动物。我们的城市将与人、植物和动物在相互依存中蓬勃发展。

我们可以指望这种持续的变化吗？这种趋势曾经是如此明显，但我们却已经忽视了这么久。现在世界上那些陷入信息和通信技术冲突和贫困的地区怎么办？我们会再次沦为技术进步的牺牲品吗？更大的管道和更好的系统可以保证让我们领先于大自然吗？再次回到池田大作的话："坚持某些事情比最初的开始更困难。"

为此，才有了这本书。

植物、人、水

密不可分

彼此相伴

参考文献

Ajami, Newsha K., Barton H. Thompson Jr., and David G. Victor. 2014. The Path to Water Innovation. Paper, The Hamilton Project, Stanford Woods Institute for the Environment. Available at woods.stanford.edu/sites/default/files/files/path_to_water_innovation_thompson_paper_final.pdf.

American Rivers. 2012. *Banking on Green: A Look at How Green Infrastructure Can Save Municipalities Money and Provide Economic Benefits Community-wide.* Available at http://www.americanrivers.org.

American Society of Civil Engineers. 2013." 2013 Report Card for America's Infrastructure." Available at infrastructurereportcard.org.

Asadian, Yeaned. 2010. *Rainfall Interception in an Urban Environment.* Thesis, University of British Columbia, Vancouver. Available at waterbucket.ca/rm/sites/wbcrm/documents/media/168.pdf.

Balmori, Diana, and Joel Sanders. 2011. *Groundwork: Between Landscape and Architecture.* New York: Monacelli Press.

Beyerlein, Douglas, and Joseph Brascher. 1998. "Traditional Alternatives: Will More Detention Work?" In *Salmon in the City* conference proceedings. American Public Works Association, Washington State Chapter. 45-48.

Bixby, Mitchell. 2011. "Interception in Open-grown Douglas-fir *(Pseudotsuga menziesii)* Urban Canopy." *Dissertations and Theses.* Paper 37. Available at pdxscholar.library.pdx.edu/open_access_etds/37.

Bousselot, Jennifer McGuire. 2010. *Extensive Green Roofs in Colorado.* PhD Thesis, Colorado State University.

Cahill, Thomas. 2012. *Low Impact Development and Sustainable Stormwater Management.* Hoboken, New Jersey: John Wiley & Sons.

Christopher, Thomas, ed. 2011. *The New American Landscape: Leading Voices on the Future of Sustainable Gardening.* Portland, Oregon: Timber Press.

Church, Thomas O. 1995. *Gardens Are for People.* 3d ed. New York: Reinhold Publishing Company, 1955. Reprint. Berkeley: University of California Press.

City of Portland. 2008. "Cost Benefit Evaluation of Ecoroofs." Report for the Bureau of Environmental Services, Watershed Surfaces. Available at portlandoregon.gov/bes/article/261053.

City of Portland. 2013. "2013 Stormwater Management Facilities Monitoring Report." Bureau of Environmental Services, Sustainable Stormwater Management Program. Available at portlandoregon.gov/bes/article/563749.

City of Portland. 2015. "Combined Sewer Overflow Control." Bureau of Environmental Services. Available at portlandoregon.gov/bes/31030.

Dakin, Karla, Lisa Lee Benjamin, and Mindy Pantiel. 2013. *The Professional Design Guide to Green Roofs.* Portland, Oregon: Timber Press.

Daniels, Stevie. 1995. *The Wild Lawn Handbook.* New York: Macmillan.

Dreiseitl, Herbert, Dieter Grau, and Karl H. C. Ludwig. 2001. *Waterscapes.* Basel, Switzerland: Birkhauser.

Dunnett, Nigel, and Andy Clayden. 2007. *Rain Gardens: Managing Water Sustainably in the Garden and Designated Landscape.* Portland, Oregon: Timber Press.

Dunnett, Nigel, Dusty Gedge, John Little, and Edmund C. Snodgrass. 2011. *Small Green Roofs: Low-Tech Options for Greener Living.* Portland. Oregon: Timber Press.

Dunnett, Nigel, and James Hitchmough, eds. 2004. *The Dynamic Landscape.* London: Taylor and Francis.

Dunnett, Nigel, and Noel Kingsbury. 2008. *Planting Green Roofs and Living Walls.* Rev. ed. Portland, Oregon: Timber Press.

Earth Pledge. 2007. *Green Roofs: Ecological Design and Construction.* Atglen, Pennsylvania: Schiffer.

Earth Pledge Foundation. 2000. *Sustainable Architecture White Papers: Essays on Design and Building for a Sustainable Future.* New York: Earth Pledge Foundation.

Echols, Stuart, and Eliza Pennypacker. 2015. *Artful Rainwater Design: Creative Ways to Manage Stormwater.* Washington, D.C.: Island Press.

Electric Power Research Institute (EPRI). 2002. "Water and Sustainability (Volume 4): U.S. Electricity Consumption for Water Supply and Treatment-The Next Half Century." Topical Report, EPRI, Palo Alto, California. Available at circleofblue.org/wp-content/uploads/2010/08/EPRI-Volume-4.pdf.

Ferguson, Bruce K. 1994. *Stormwater Infiltration.* Boca Raton, Florida: Lewis Publishers.

Field, Richard, Marie L. O'Shea, and Kee Kean Chin. 1993. *Integrated Stormwater Management.* Boca Raton, Florida: Lewis Publishers.

Fishman, Charles. 2011. *The Big Thirst: The Secret Life and Turbulent Future of Water.* New York: Free Press.

France, Robert L., ed. 2002. *Handbook of Water Sensitive Planning and Design.* New York: Lewis Publishers.

Friends of the High Line, ed. 2011. *Designing the High Line: Gansevoort Street to 30th Street.* New York: Friends of the High Line.

Gleick, Peter H., ed. 1993. *Water in Crisis: A Guide to the World's Fresh Water Resources.* New York: Oxford University Press.

Grabar, Henry. 2013. "Why Is There So Little Innovation in Water Infrastructure?" CityLab. Available at citylab.com/tech/2013/09/why-there-so-little-innovation-water-infrastructure/6883.

Grayman, Walter M., Daniel P. Loucks, and Laurel Saito, eds. 2012. *Toward a Sustainable Water Future: Visions for 2050.* Reston, Virginia: American Society of Civil Engineers.

Green, Dorothy. 2007. *Managing Water, Avoiding Crisis in California.* Berkeley: University of California Press.

Green for All. 2011. Water Works: Rebuilding Infrastructure, Creating Jobs, Greening the Environment. Available at allianceforwaterefficiency.org/uploadedFiles/Resource_Center/Landing_Pages/Green-for-All-2011-Water%20Works.pdf.

Greenlee, John. 2009. *The American Meadow Garden: Creating a Natural Alternative to the Traditional Lawn.* Portland, Oregon: Timber Press.

Harris, Benjamin, Brad Hershbeing, and Melissa S. Kearney. 2015. "In Times of Drought: 9 Economic Facts about Water in the United States." Water Online website. Available at wateronline.com/doc/in-times-of-drought-economic-facts-about-water-in-the-united-states-0001.

Henry, Shane, and Samuel Sherraden. 2011. "Cost of the Infrastructure Deficit." Available at newamerica.org/economic-growth/policy-papers/costs-of-the-infrastructure-deficit.

Humes, Edward. 2012. *Garbology: Our Dirty Love Affair with Trash.* New Jersey: Avery.

Ichihara, Kiku, and Jeffrey P. Cohen. 2011. "New York City Property Values: What Is the Impact of Green Roofs on Rental Pricing?" *Letters in Spatial and Resource Sciences* (March): 21-30. Available at link.springer.com/article/10.1007%2Fs12076-010-0046-4.

Ikeda, Daisaku. 1999. *For Today and Tomorrow.* World Tribune Press.

Johnston, Jacklyn, and John Newton. 1992. *Building Green: A Guide to Using Plants on Roofs, Walls and Pavements.* London: London Ecology Unit.

Kenyon, Peter. 2013. "Green Surge Threatens CSO Storage Solution." Tunnel Talk discussion forum, 19 June. Available at tunneltalk.com/Discussion-Forum-19June2013-Investigating-the-future-of-deep-storage-tunnels-in-the-USA.php.

Kinkade-Levario, Heather. 2007. *Design for Water: Rainwater Harvesting, Stormwater Catchment, and Alternate Water Reuse.* Gabriola Island, British Columbia: New Society.

Krupka, Bernd. 1992. *Dach-begrunung, Pflanzen-und Vegetationsanwendung an Bauwerken.* Stuttgart, Gemany: Verlag Eugen Ulmer.

Larson, Douglas, Uta Matthes, Peter E. Kelly, Jeremy Lundholm, and John Gerrath. 2006. *The Urban Cliff Revolution: Origins and Evolution of Human Habitats.* Ontario, Canada: Fitzhenry and Whiteside.

Le Corbusier. 1923. *Une Petite Maison.* Reprint. Boston, Massachusetts: Birkhauser Architecture, 1989.

Liptan, Tom, and Robert K. Murase. 2002. "Watergardens as Stormwater Infrastructure in Portland, Oregon." Available at portlandoregon.gov/bes/article/41627. Paper originally presented at the Harvard Design School, Water Sensitive Ecological Planning and Design Symposium, 25-26 February 2000. Subsequently published as a chapter in *Handbook of Water Sensitive Planning and Design.* Edited by Robert France. New York: Lewis Publishers, 2002.

Louv, Richard. 2008. *The Last Child in the Woods: Saving Our Children from Nature-Deficit Disorder.* Chapel Hill, North Carolina: Algonquin.

Martin, Agnes, Edward Hirsch, and Ned Rifkin. 2002. *The Nineties and Beyond.* Ostfildern, Germany: Hatje Cantz Verlag.

McHarg, Ian L. 1969. *Design with Nature.* Hoboken, New Jersey: John Wiley & Sons.

Monge, Zachary, and Matthew Marko. 2014. "Onondaga County's Green Infrastructure CSO Abatement Program: Green Infrastructure Construction and Technology Choices." Paper presented at StormCon, 3-7 August 2014, in Portland, Oregon.

National Research Council. 2008. *Urban Stormwater Management in the United States.* Washington, D.C.: The National Academies Press. Available at water.epa.gov/polwaste/npdes/stormwater/upload/nrc_stormwaterreport.pdf.

Natural Resources Defense Council. 2001. *Stormwater Strategies: Community Responses to Runoff Pollution.* Available at nrdc.org/issues/water-smart-cities.

Natural Resources Defense Council. 2013. *The Green Edge: How Commercial Property Investment in Green Infrastructure Creates Value.* Available at nrdc.org/sites/default/files/commercial-value-green-infrastructure-report.pdf.

Nielson, Signe. 2004. *Sky Gardens: Rooftops, Balconies, and Terraces.* Atglen, Pennsylvania: Schiffer.

Osmundson, Theodore H. 1999. *Roof Gardens: History, Design, and Construction.* New York: W.W. Norton.

Orr, David W. 2002. *The Nature of Design: Ecology, Culture, and Human Intention.* New York: Oxford University Press.

Orr, Stephen. 2011. *Tomorrow's Garden: Design and Inspiration for a New Age of Sustainable Gardening.* New York: Rodale Books.

Oudolf, Piet, and Noel Kingsbury. 2005. *Planting Design: Gardens in Time and Space.* Portland, Oregon: Timber Press.

Oudolf, Piet, and Noel Kingsbury. 2011. *Landscapes in Landscapes.* New York: Monacelli Press.

Pearson, Dan. 2009. *Spirit: Garden Inspiration.* London: Fuel Publishing.

Richardson, Tim. 2011. *Futurescapes: Designers for Tomorrow's Outdoor Spaces.* London: Thames & Hudson.

Riley, Ann L. 1998. *Restoring Streams in Cities.* New York: Island Press.

Roehr, Daniel, and Elizabeth Fassman-Beck. 2015. *Living Roofs in Integrated Urban Water Systems.* New York: Routledge.

Sarte, S. Bry. 2010. *Sustainable Infrastructure: The Guide to Green Engineering and Design.* Hoboken, New Jersey: John Wiley & Sons.

Sedlak, David. 2014. *Water 4.0: The Past, Present, and Future of the World's Most Vital Resource.* New Haven: Yale University Press.

Shepherd, Matthew, and Edward Shearman Ross. 2003. *Pollinator Conservation Handbook.* Portland, Oregon: The Xerces Society.

Smith, W. Gary. 2010. *From Art to Landscape: Unleashing Creativity in Garden Design.* Portland, Oregon: Timber Press.

Snodgrass, Edmund C., and Lucie L. Snodgrass. 2006. *Green Roof Plants: A Resource and Planning Guide.* Portland. Oregon: Timber Press.

Snodgrass, Edmund C., and Linda McIntyre. 2010. *The Green Roof Manual.* Portland, Oregon: Timber Press.

Stahre, Peter. 2008. *Blue-Green Fingerprints in the City of Malmö, Sweden.* Malmö, Sweden: VA SYD.

Standiford, Les. 2015. *Water to the Angels: William Mulholland, His Monumental Aqueduct, and the Rise of Los Angeles.* New York: Ecco/HarperCollins.

Stiffler, Lisa. 2011. "Is a 'Green' Idea Discredited by a Seattle Drainage Project Gone Awry?" Crosscut website, 22 April. Available at crosscut.com/2011/04/is-green-idea-discredited-by-seattle-drainage-pro.

Swank, W. T. 1968. *The Influence of Rainfall Interception on Streamflow.* Water Resources Research Institute. Clemson University, Clemson, South Carolina: Council on Hydrology, Clemson University-Water Resources Research Institute. 101-112.

Theen, Andrew. 2015. "Portland Fined $9,600 for Raw Sewage Overflow into Willamette River Last Fall." *The Oregonian* (12 January). Available at oregonlive.com/portland/index.ssf/2015/01/portland_fined_9600_for_raw_se.html.

Toynbee, Arnold, and Daisaku Ikeda. 1976. *Choose Life.* New York: Oxford University Press.

Trice, Amy. 2014. "Daylighting Streams: Breathing Life into Urban Streams and Communities. Available at americanrivers.org/daylightingreport

Ulanowicz, Robert E. 2009. *A Third Window: Natural Life Beyond Newton and Darwin.* West Conshohocken, Pennsylvania: Templeton Press.

University of Arkansas Community Design Center. 2010. *Low Impact Development: A Design Manual for Urban Areas.* Fayetteville, Arkansas: University of Arkansas Press.

U.S. Congressional Budget Office. 2002. *Future Investment in Drinking Water and Wastewater Infrastructure.* Washington, D.C.: U.S. Congressional Budget Office.

U.S. Environmental Protection Agency. 2000. "National Menu of Best Management Practices (BMPs) for Stormwater." Available at epa.gov/npdes/national-menu-best-management-practices-bmps-stormwater#edu.

U.S. Environmental Protection Agency. 2013. "Fiscal Year 2011 Drinking Water and Ground Water Statistics." EPA 816-R-13-003. Washington, D.C.: EPA, Office of Water.

U.S. Environmental Protection Agency. 2014. "Heat Island Impacts." Heat Island Effect website. Available at epa.gov/heatisland/impacts/index.htm.

U.S. Environmental Protection Agency. 2015. "The Problem." Nutrient Pollution website. Available at epa.gov/nutrientpollution/problem.

U.S. Environmental Protection Agency. 2016. "Using Low Impact Development and Green Infrastructure to Get Benefits from FEMA Programs." Polluted Runoff-Nonpoint Source Pollution website. Available at epa.gov/polluted-runof-nonpoint-source-pollution/using-low-impact-development-and-green-infrastructure-get.

U.S. Geological Survey. 2014. "The World's Water." Water Science School World website. Available at water.usgs.gov/edu/earth-wherewater.html.

U.S. National Park Service. 2004. "Chicago City Hall." Technical Preservation Services website. Available at nps.gov/tps/sustainability/new-technology/green-roofs/chicago-case-study.htm

Van Sweden, James, and Tom Christopher. 2011. *The Artful Garden: Creative Inspiration for Landscape Design.* New York: Random House.

Viessman Jr., Warren, Mark J. Hammer, Elizabeth M. Perez, and Paul A. Chadik. 2008. *Water Supply and Pollution Control.* 8th ed. New York and London: Pearson. Page 32.

Waldheim, Charles, ed. 2006. *The Landscape Urbanism Reader.* New York: Princeton Architectural Press.

Waldie, D. J. 1996. *Holy Land: A Suburban Memoir.* New York: St. Martin's Press.

Weiler, Susan K., and Katrin Scholz-Barth. 2009. *Green Roof Systems: A Guide to the Planning. Design, and Construction of Landscapes over Structure.* Hoboken, New Jersey: John Wiley & Sons.

Woelfle-Erskine, Cleo, and Apryl Uncapher. 2012. *Creating Rain Gardens.* Portland, Oregon: Timber Press.

Xerces Society, The. 2011. *Attracting Native Pollinators: The Xerces Society Guide to Conserving North American Bees and Butterflies and Their Habitat.* North Adams, Massachusetts: Storey Publishing.

Xiao, Qingfu, and E. Gregory McPherson. 2003. "Rainfall Interception by Santa Monica's Municipal Urban Forest." *Urban Ecosystems* 6: 291-302.

致谢

献给我的人生导师池田大作。我从心底感谢他。

我对瑞典马尔默的已故好友彼得·施塔尔的承诺是完成本书的动力。让我们再次相遇，为更多的贡献而努力。谢谢你。

一些给予启迪的人在这项工作上不遗余力地帮助我，其中包括埃德·斯诺格拉斯、卡罗尔·迈尔·里德、凯文·罗伯特·佩里、迈克·霍克、迈克·法哈、罗伯特·古、埃里克·斯特雷克、肖恩·沙利文、卡梅尔·金塞拉·布朗、霍华德·纽克鲁格、丹尼尔·罗尔、伊丽莎白·法斯曼·贝克、丹尼尔·布罗德、尼尔·温斯坦和鲍勃·罗普。谢谢你们。

另外还要感谢一路上给予我鼓励、帮助和友谊的许多了不起的人，尤其是芭芭拉·沃克、琳达·多布森、科妮莉亚·汉奥伯兰德、盖尔·博伊德、凯西·坎宁安、艾米·乔莫维奇、戴夫·埃尔金、亨利·史蒂文斯、蒂姆·库尔茨、艾薇·邓拉普、爱丽丝·考克、凯特·希布曼、马特·伯林，埃米莉·豪斯，斯文茨兰娜·佩尔，洛莉·法哈，卡丽·帕克，保罗·特拉维斯，奥利莎·斯塔里，丽莎·李·本杰明，斯蒂芬·布伦尼森，达斯蒂·盖奇，奈杰尔·邓尼特，史蒂文·佩克，布拉德·特姆金，马特·霍兰，保罗·凯法尔，马克·西蒙斯，丽莎·欧文斯·维亚尼，安吉拉·琼斯，格雷格·海恩斯，丹·曼宁，伊丽莎·彭尼帕克，斯图尔特·埃克尔斯，玛丽娜·斯塔尔，米西娅·斯塔尔，格伦·阿康，布莱恩·马伦戈，查理·米勒，琳达·维拉斯克斯，内森·古德，安东尼·罗伊，迪恩·万豪，玛丽·沃尔，丹尼斯·王尔德，埃德·麦克纳马拉，大卫·戈尔德，吉姆·温克勒。还想对杰夫·乔斯林说一句特别感谢：你的豁达是一笔宝贵的财富。谢谢你们。

向允许我使用他们照片的朋友和家人致敬。谢谢你们！

还有一路上所有的实习生、各个城市的工作人员、顾问、波特兰市议会（1992-2012年）以及开发商。你们的名字太多了无法一一提及，但你们对这项工作的开展是如此重要。谢谢你们。

感谢Timber出版社的工作人员和我的合著者戴维·桑腾。戴维，我们做到了！

对于我在国际创价协会的许多朋友，我在波特兰市的同事，以及我在城市绿色空间研究所董事会的同仁，我会想念你们对我的敦促："汤姆，你的书进展如何了？"谢谢你们。

最后，也是最重要的，感谢我的家人。无论我们是因为什么样的缘分成为一家人，我想对你们所有人说，我爱你们，尊敬你们，珍惜此生我们成为彼此的一部分。妈妈，爸爸，杰瑞，迈克，登，琳达，雪莉，丽兹，杰瓦尼，克里斯托，格雷森，克里斯，阿迪，莎拉，莉亚，凯利，何塞，诺米，伊莱，萨米，黛比，杰米，吉娜，谢谢你们的爱和包容。

图片来源

除了下面列出的照片外，所有照片均是托马斯·立普坦拍摄的。

Glenn A. Acomb, pages 83 bottom, 123 top left.

Sarah J. Adams-Schoen, pages 44, 172 top, 216 left and right.

Casey Boyter, page 196.

Amy Chomowicz, pages 52 lower right, 77, 197 bottom right.

City of Portland, courtesy Bureau of Environmental Services, pages 37 bottom right, 167.

City of Portland, courtesy Bureau of Environmental Services/Tim Kurtz, pages 106 top, 116 top.

Casey Cunningham, pages 42, 198 bottom.

Ivy Dunlap, pages 108 top right, 124 top right, 182.

Dave Elkin, pages 20, 149, 197 middle left, 218 top left, 220 bottom right.

Alisha Goldstein, pages 61, 103 top.

©Greenworks PC, courtesy Mike Faha, pages 107 top, 117 top, 123 middle left, 125 top left, 202 bottom right, 217 bottom.

©Greenworks PC, courtesy Mike Faha/Derek Sergison, page 129.

Jose E. Gutierrez, pages 139, 140, 204 bottom, 215.

Mike Houck, pages 110 top left, 166 top, 175 top, 185 top left, 186 bottom left and bottom right, 187 top left and middle left, 202 top left.

Kelly Liptan, page 177.

Sherry Liptan, page 279 left.

Brian Marengo, page 122 top left.

Curtis Miller, page 279 right.

Johan Nilsson, pages 120 all, 146.

Kevin Robert Perry, page 27, 98, 99 top and bottom, 104 top left, 111 top left, 113 left and bottom right, 115, 124 bottom left, 125 middle left and bottom right, 161 top, 197 bottom left, 219 bottom, 220 top left, 223 top left.

Philadelphia Water, courtesy Louis A. Cook, pages 52 top left and top right, 84 top, 123 middle right and bottom right, 220 top right, 222 top right, 223 bottom left.

Bob Rope, page 171.

Bob Sallinger, page 197 middle right.

David Santen, page 170 bottom.

Edmund Snodgrass, pages 25, 73, 118 top, 121 top, 125 top right, 161 bottom, 197 top right, 199 top, 200, 201, 218 top right and bottom, 219 top left, 220 bottom left.

Lauren Stanley, page 198 top.

Paul D. Travis, pages 114 middle left and right, top right, and bottom right, 151.

Naomi Tsurumi, pages 124 bottom right, 214 right.

作者简介

摄影：雪莉·立普坦

摄影：柯蒂斯·米勒

托马斯·立普坦是一位景观设计师，退休前曾是波特兰市环境服务局可持续雨洪部门的生态屋顶技术主管。他研究并开发了许多运用植物管理雨洪的方法（绿色基础设施），并设计、监测和维护了包括生态屋顶在内的许多项目。他自己车库的生态屋顶是美国第一个专门用来测试雨水管理的建筑（1996 年）。托马斯还影响并帮助制定了城市政策和法规修改。他的工作广受国际认可。

戴维·桑滕是一位居住在俄勒冈州波特兰的作家。

译后记

过去几十年，快速的城市化改变了我们居住和生活的地表，也为景观雨洪管理创造了机会。全球许多城市的成功经验表明，景观雨洪管理不仅是缓解城市内涝、生态恶化、水质污染等问题的有效途径，也是提升城市应对环境风险能力的可持续之道。作为雨洪管理绿色基础设施最为完善的城市之一，波特兰形成了成熟的景观雨洪管理理论与实践方法，积累了丰富的经验。《可持续雨洪管理——景观驱动的规划设计方法》这本书便是了解这一系列雨洪管理实践的最佳读本。

全书涵盖了景观雨洪的设计和管理两个方面。第一部分全面介绍了设计指导原则，雨洪特性与建成环境特征，经济、政治和政策等社会变量以及整合水、土壤和植被的精细化城市设计的技术方法，突出了全局性和过程性。第二部分则详细阐述了针对集雨型绿地、不透水表面植物层和不透水表面改造这三类雨洪设施的建构与管理技巧，基本覆盖了应对绝大部分城市雨洪问题的实践方法与要点，强调了模块性和系统性。

中国自 2014 年开始大力推行海绵城市建设，取得了一定的成功经验，但相关的理念和建设技术仍需完善、发展和创新。本书可为正处于海绵城市建设摸索阶段的我们提供理论和实践参考。借鉴书中雨洪管理的思路、原则和方法，结合中国城市建设的实际情况开展景观雨洪管理探索，具有非常紧迫的现实意义。

翻译过程中，建工出版社的编辑一直给予大力支持。重庆大学的周博雅、金理想、陈寅思危，墨尔本大学的谢佳玲以及圣路易斯华盛顿大学的王南绮等同学承担了初稿整理工作，在此表示感谢！译稿虽几经修改校正，但限于译者水平有限，难免存在错漏之处，恳请读者不吝指正。

译者

于重庆渝中化龙桥

二〇二〇年仲夏